Chinese Architecture
중국 건축

KENCHIKU JUNREI 16 CHUGOKU TAIRIKU KENCHIKU KIKO
by CHATANI Masahiro, YASHIRO Katsuhiko, NAKAZAWA Toshiaki
Copyright ⓒ1991 by CHATANI Masahiro, YASHIRO Katsuhiko, NAKAZAWA Toshiaki
All rights reserved.
Korean translation rights ⓒ2006 Renaissance Publishing Co.
Original Japanese edition published by Maruzen Co., Ltd.
Korean translation rights arranged with Maruzen Co., Ltd.
through Bestun Korea Agency.

이 책의 한국어판 저작권은 베스툰 코리아 에이전시를 통해
일본 저작권자와 독점 계약한 르네상스에 있습니다.
저작권법에 의하여 한국 내에서 보호를 받는 저작물이므로
무단 전재나 복제, 광전자 매체 수록 등을 금합니다.

세계건축산책 10

Chinese Architecture
중국 건축

― 야오동 동굴식 주거를 찾아서 ―

차타니 마사히로 외 2명 지음 | 박희용 · 김종기 옮김

르네상스

일러두기

1. 외래어 표기는 한글맞춤법 외래어표기법을 따랐으며, 브리태니커 백과사전을 참고하였다.
2. 생소한 인명, 지명이 나올 때는 처음 한 번만 원어를 병기하였다.
3. 인명 옆에 표기된 연도는 생몰년, 건물명 옆에 표기된 연도는 설계 연도다.
4. 지은이의 주는 본문에서 괄호에 넣어 처리하였다.
5. 옮긴이의 주는 * 표시와 함께 해당 지면 아래쪽에 각주를 달았다.

Chinese Architecture | 차례

들어가면서   36

1. 대도시, 북경北京(베이징)   39

2. 신강新疆(신장)과 서북각西北角을 가다   51

3. 중원中原 탐방   103

4. 서남西南, 소수민족의 세계로   147

5. 국제도시 상해上海(상하이)   183

끝맺으면서   193
참고문헌   195

경산景山공원에서 바라본 자금성

1990년 노동절 당시의 천안문 광장. 인민영웅기념비 앞의 손문孫文의 초상

청대 투루판군吐魯蕃軍의 왕 액민화탁額敏和塔의 공적을 기려 아들 쑤레이만蘇來滿이 세운 액민탑額敏塔

천산天山 기슭에서 지금도 방목생활을 계속하고 있는 카자흐족哈薩克族의 파오包

파오의 내부 (촬영 / 大野隆造)

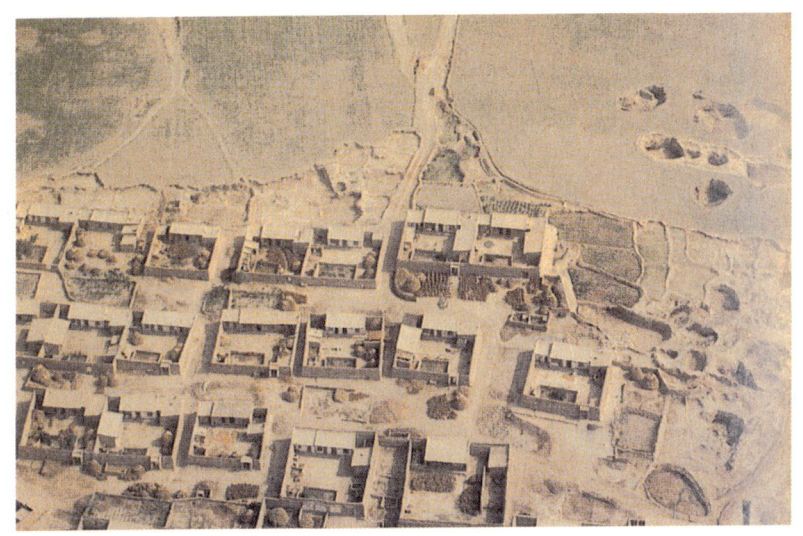

감숙성甘肅省 난주蘭州 교외의 상공에서 촬영한 사막 한가운데의 취락군

라마교 사원 납복릉사拉卜楞寺의 거리. 감숙성 하하夏河

티벳족藏族 주거의 창호. 감숙성 하하

납복릉사拉卜楞寺의 회랑에 그려진 만다라

마니통(筒)을 돌리는 티벳족藏族의 모자. 감숙성 하하

후이민回民의 집합주택 대보자大堡子. 영하후이족寧夏回族 자치구

영하지구의 야오동. 우측은 계단으로 접근되는 작은 야오동 입구

수미산 석굴 앞에서의 기념촬영. 영하후이족 자치구 고원

습기를 머금는 작용도 있다는 신문지로 마무리한 야오동窯洞 내부. 감숙성 농동지구 영현寧縣 (촬영 / 山畑信博)

캉炕의 굴뚝이 붙은 야오동의 파사드. 감숙성 농동지구

산의 절벽에 뚫린 야오동 취락. 감숙성 농동지구 평량平涼

대안탑大雁塔에서 내려다 본 서안西安의 거리

서안성西安城 서문西門 성루의 둥근 막새 문양

서안西安 교외 건릉乾陵 부근의 하침식 야오동

상공에서 본 낙양洛陽 북쪽 교외 망산향邙山鄕의 하침식 야오동 취락

낙양 옛 성의 지난날을 생각나게 하는 상가 모습

「환상의 야오동 취락」을 방불케 하는 하침식 취락. 하남성河南省 영보靈寶

하침식 야오동 중정에서의 결혼식 피로연. 하남성 영보

하침식 야오동 취락안의 길. 옛날에는 소녀들의 머리 정도였던 도로 노면도 해마다 도랑이 깊어지고 있다. 하남성 영보

도적으로부터 몸을 숨기기 위해 만들어진 비밀 통로 하남성 낙영洛寧

하서문下西門에서 바라본 눈 덮인 평요성내平遙城內(산서성山西省)

사마천과 관계가 있는 지한성地韓城의 사합원四合院 형식의 주택 중정(섬서성陝西省)

사천성四川省 성도成都의 사합원 형식의 중정 「천정天井」

원광조圓光罩로 불리는 중국의 독특한 공간분절 방법. 성도 교외의 보광사

보광사寶光寺 입구 앞의 조벽照壁에 새겨진 「수壽」. 몇 미터 앞에서 손을 들고 눈을 감은 채 다가가 "수"에 한 번에 닿기만 하면 행복해질 수 있다고 한다. 사천성 성도成都

사천성 서창西昌 옛 성안에서 젖먹이 아이를 업은 여성

중국 정원 디자인 수법의 하나인 「대경對景」. 토담을 둥근 액자틀에 비유하고 있다.

라싸의 티벳족藏族 주거의 입구. 문짝에 그려진 표시는 달과 태양을 상징화한 것이라고 한다.

라싸拉薩 포달랍궁布達拉宮의 전경. 중국에서는 천국에 가장 가까운 궁전 (촬영 / 中本俊也)

라싸의 중심지 팔각가八角街

포달랍궁 내의 백궁. 최상부는 달라이라마의 침실로, 태양 빛으로 하루 종일 비추어진다고 하여 일광전日光殿으로도 불린다.

포달랍궁에서 내려다 본 라싸 시내의 티벳족 주거

중경重慶의 경사면에 달라붙어 있는 주택. 조각루吊脚樓

통족侗族 최대의 목조 교량 풍우교風雨橋. 정양교程陽橋 또는 영제교永濟橋로도 불린다. 광서廣西 좡족壯族의 자치구 삼강현三江縣

삼강현의 일풍우교一風雨橋. 교각은 석축이다.

대리大理 이해洱海 동쪽 언덕의 거리 소보타小普陀의 바이족白族 주거

대리大理 주성周城의 바이족 취락. 뒤쪽은 대리석의 산지로 유명한 점창산點倉山

노남路南 이족彝族 의 소녀. 곤명昆明 동남 126km의 석림石林

곤명에서 남쪽으로 150km 남짓한 통해通海의 오후

서쌍판납 西双版納 타이족 傣族의 고상주거 취락 전경

윤경홍 允景洪의 새벽시장 (서쌍판납)

광동성廣東省 흥녕興寧 상공에서 본 객가주거의 다섯 형태

바닥 타일 모양의 고금동서. 위 오른쪽 - 팔라디오 설계의 성 죠르죠 맛죠레 성당(San Giorgio Maggiore, 베네치아), 위 왼쪽 - 폼페이 신전 유적, 아래 오른쪽 - 매현梅縣의 호텔, 아래 왼쪽 - 이탈리아, 사피오네타의 고대풍 갤러리

매현梅縣 객가客家주거

상해 화평빈관和平賓館 부근의 골목길

상해 예원豫園 전경

상해 신 금강빈관錦江賓館에서 내려다 본 이롱주택里弄住宅

들어가면서

가깝고도 멀게만 느껴지는 나라인 중국으로의 건축여행은 루도프스키(B. Rodofsky)의 명저 「건축가 없는 건축」에서 비롯되었다. 이 책은 세계 도처에서 잊혀져 가고 있는 인류의 소중한 주거문화와 도시문화를 담은 사진집인데, 뉴욕의 근대 미술관에서도 전시를 통해서 커다란 반응을 불러일으켰다고 한다.

전시된 사진들 가운데 유난히 관심을 모았던 것이 중국의 지하(동굴식)주거인 야오동窯洞* 건축 사진이었다. 상공에서 촬영한 이 사진들은 지하에 있는데도 불구하고 주거의 전체구조를 잘 알아 볼 수 있도록 찍은 불가사의한 사진들이었다. 평지에 사방 10m, 깊이 7m 정도의 중정(中庭)을 파고, 중정으로 들어오는 입구는 경사로로 처리한 다음, 파낸 중정의 벽면을 절벽으로 만들어 이 절벽면에 터널식의 횡혈(橫穴)을 여러 개 파고 이 안에 주거를 마련한 하침식下沈式 야오동이 여러 군데 늘어서 있었다.

---

* 야오동. 일반적으로 동굴주거란 말로 표현하고 있으나 엄밀한 의미에서 동굴주거와는 다른 차원의 주거이다. 야오동은 크게 두 가지의 유형으로 나눌 수 있는데, 하나는 황토고원의 들이나 평탄한 구릉지대에 대지를 6~10m 파 내려가 중정을 만든 다음 그 중정 주위의 인공 벽면에 횡혈을 파서 주거의 용도로 사용하는 형식으로 이를 하침식下沈式, 또는 천정식天井式이라고 한다. 다른 하나는 산악지대나 들에 생긴 급격한 절벽 등의 지형 조건에 횡혈을 파서 주거를 구성하는 것으로 이를 고애식靠崖式 이라고 한다. 이러한 야오동은 단층만이 아닌 2개 층의 구조로 하여 상하층을 서로 연결한 모습을 하고 있는 것 등 여러 종류가 있다.

광대한 황하 중류 지역에 4천만 명의 농가가 지금도 이와 같은 동굴식 주거에서 생활하고 있으며 학교, 병원, 공장도 지하 동굴이라고 해서 우리 조사단은 이것이 사실인지 확인하고 싶었다. 1978년의 중·일 평화우호조약으로 양국이 서로 가까워진 2년 뒤, 이러한 우리들의 오랜 바람을 일본 건축학회와 중·일 건축기술교류회에 협의하고, 또한 북경의 중국 건축학회에도 신청하였다. 운 좋게도 일본을 방문 중이었던 중국 건축학회 부이사장인 임진영任震英 선생을 만나게 되었고, 야오동에 대한 조사를 양국이 서로 협력하여 공동연구하기로 하였다. 이후 1981년부터 매년 조사단이 구성되어 중국의 야오동에 대한 조사를 수행하였고, 또 다른 몇몇 사람은 유학을 겸하여 중국 각지로 직접 가서 개인적으로 야오동에 대한 연구활동을 하기도 하였다.

겨울에는 따뜻하고 여름에는 시원하다는 지하 동굴식 주거인 야오동을, 우리 조사단 일행은 혹독하게 추운 겨울과 무더운 여름 날씨 속에서 직접 숙박체험을 통해 그 뛰어남을 실감하였다. 그러나 이러한 우리들의 열정적인 조사활동은 이 조사에 동행했던 중국 공안에 의해 약간의 제지를 받기도 하였다.

야오동에 대한 조사연구의 시작은 일본의 도시·건축·조원造園의 시조始祖이자 원류인 중국문화에 대한 애착이었는데, 이 조사에서 우리 일행들은 중국대륙이 아니고서는 느낄 수 없는 문화적 충격도 많이 받았고, 문화적 매력의 본질도 느낄 수 있었다.

루도프스키의 사진집이 발간되고 50여 년이 흐른 지금 다시 사진집 속 마을의 현재 모습을 찾고 싶었으나 뜻을 이룰 수가 없었다. 1988년 다시 사진집 속의 마을을 찾기 위해 당시 중국의 모습을 공중촬영했던 고故 카스테르 백작에 대한 정보를 얻기로 했다. 이를 위해 우선 백작의 장녀인 미하엘 양을 찾아 비행기를 타고 뮌헨으로 날아갔다. 다시 인쇄할 만한 가치가 있는 카스테르의 저작물인 『중국비행』이라는 사진집과 뮌헨 국립민족학박물관에 기탁된 네가필름을 대출하였다. 뮌헨 과학박물관에서는 촬영 비행기와 같은 기종인 물결 모양의 알루미늄 판자를 붙인 융카스(Junkers) 비행기도 눈에 띄었다.

뮌헨에서 얻은 정보로 인해 가까스로 루도프스키 사진집 속에 있는 마을의 소재를 대충 확인한 후, 이듬해 조사 시 사진집 속에 있는 마을의 근처까지 조사하였지만 정확한 위치를 찾지 못했다.

불현듯 낙양洛陽(뤄양) 신공항 비로 앞의 야오동 마을을 유스호스텔로 한다거나, 나고야名古屋의 리틀 월드나 실크로드의 종점인 나라奈良에 만들어지는 야외 박물관에 야오동을 재현해 보고 싶어졌다.

사라져 가고 있는 것들에 대한 호기심으로 시작된 우리들의 조사활동은 곧 대단원을 맞이할 것이다. 우리들 조사단의 성과를 배경으로 서술된 본서가 독자 여러분의 지적 갈증을 조금이라도 해소시킬 수 있게 되길 바라고, 또한 보다 더 다양하고 많은 생각을 할 수 있게 되길 바란다.

챠타니 마사히로 茶谷正洋

Chinese
Architecture

1

대도시, 북경北京(베이징)

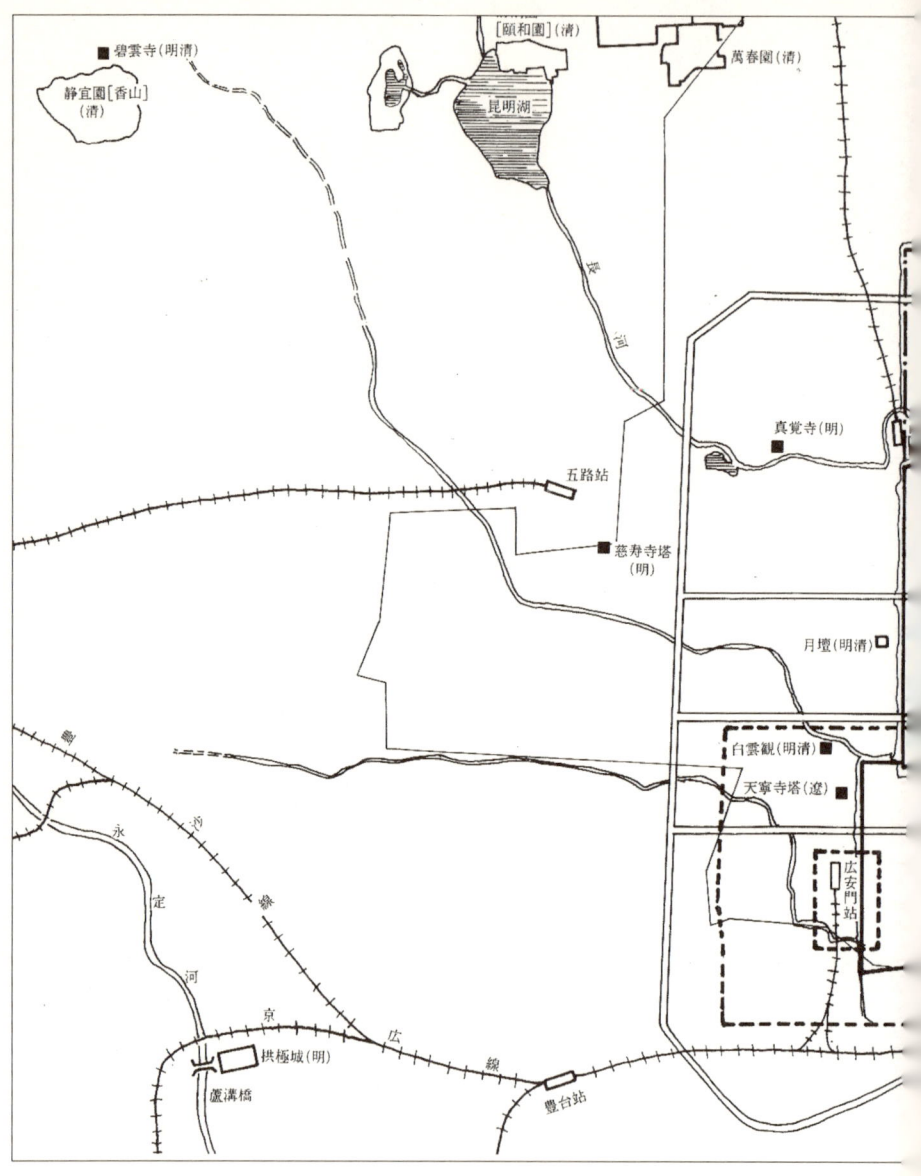

북경도성 위치변천도

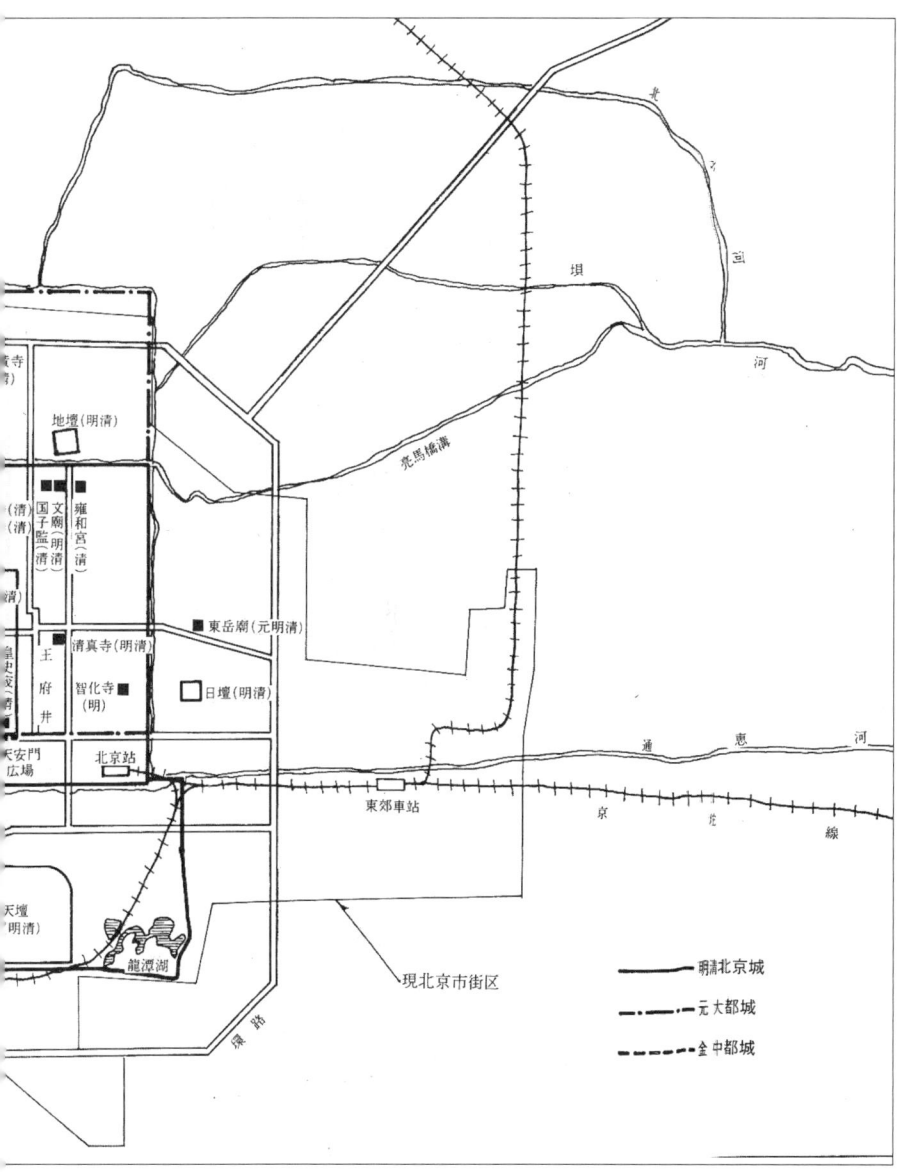

대도시, 북경北京

수천 년의 중국 역사를 간직하고 있는 도시라고 많은 기대를 하였는데 북동쪽 30km 떨어져 있는 공항에서부터의 가로수는 산뜻했다. 명대明代의 옛 성벽도 1949년 중화인민공화국의 성립으로 인해 큰 거리로 변해버려 도심의 스케일감을 느낄 수가 없었다.

중국에서는 왕조가 바뀔 때마다 민심을 수습하기 위해 중심이 겹치지 않도록 약간씩 비켜가면서 성벽을 다시 복구하였다는 것을 옛 수도인 장안長安[1] 교외의 텃밭 가운데 무너진 성벽을 보고 알 수 있었다. 북경도 또한 여러 번 성벽을 헐었던 기록이 있다.

이 큰 거리도 이제는 사람들의 출퇴근으로 혼잡해지고 눈앞의 개발만을 쫓는 세계의 대도시로 변모되어 과거 인간과 친숙했던 역사적인 스케일감을 잃어가고 있는 듯한 인상이다. 또한 현대의 고층건물들 사이에서 중국의 전통적인 도시 주거인 사합원四合院[2]도 계속 사라져가고 있다. 네모진 중정(원자 院子)을 4동의 건물로 에워싸는 우수한 건축공간 구성 원리의 사합원 형식을 소중하게 여기고 싶어졌다.

북경 특유의 호동胡同[3] (후통, 몽고어의 우물 井戶에서 와전된 음)이라는, 마치 일본 교토京都의 도시 주거와 같은 조리제條理制[4] 도시 주거를 찾아 나섰다.

---

1) 당나라 때의 서안西安(시안)을 부르던 이름.
2) 사합원은 중국 전통건축의 독특한 건축 공간구성 기법으로, 내원內院(중정)을 중심으로 사방에 건물이 에워싸는 건축구성을 말한다. 건축군은 정방正房(거실 겸 응접실, 부모 침실 등으로 이용), 도좌倒座(남자 하인들의 거주와 작업실), 이방耳房(정방 좌우 양옆), 상방廂房(자식들이 거주함), 후조방 後罩房(주방과 저장실 및 여자 하인들의 기거장소) 등으로 구성된다.
 영벽影壁과 조벽照壁 : 호동胡同(후통 ; 사합원 주거군의 골목길)에 면하는 주거의 외부 벽면, 즉 주택의 외부 담장을 조벽이라 하고, 영벽은 대문을 들어서서 바라다 보이는 벽면이다.(자세한 것은 손세관 저, 『북경의 주택』 참조)

어떤 여행이건 우선 환전을 하게 되고, 여행 지역의 상세한 지도에 표시를 하면서 여행 일정을 조정하듯이, 이곳 북경의 중심인 천안문天安門[5] (톈안먼) 광장에서도 보이지 않는 동서남북을 지도와 함께 바라보며 방향감각에 빨리 익숙해져야 했다.

북경에서 이동할 때는 항상 지도를 통해 여행경로를 찾아갔는데, 깜빡 잊거나 사진촬영에 열중하여 나중에는 "여기가 어디야……"를 되풀이 한 적도 있다.

북경 천안문 광장과 장안가長安街라는 큰 거리를 포함하여 100만 명 이상 모이는 큰 집회 때에는, 길모퉁이에 널려져 있는 돌을 이용해 주위를 둘러쌓으면 곧바로 공중화장실로 된다는 얘기를 아직 확인하지는 못했으나 보고 싶었다.

북경 중심지구의 거리 이름이 '○○로路'가 아니고 '○○가街'로 호칭이 변하고 있다. 그리고 큰 거리의 이름을 ○○문＋'내 · 외 · 동 · 서 · 남 · 북'—대가大街로 부른다는 것을 알게 되었다. 또한 손에 든 지도를 하나하나 검토하면서 가장 중요한 큰 거리가 새로 생긴 건국문建國門과 부흥문復興門으로 이름 붙여지게 된 사실도 알게 되었다.

천안문에서 명 · 청대의 궁성이었던 고궁 박물관(자금성紫禁城)에 들어갔다. 좌우대칭 배치의 중심축을 따라 돌을 깐 어도御道(황제가 지나는 길)를 걷

---

3) 북경 성안으로 통하는 도로는 대가大街(다치에)라 불리는 도시의 간선도로이고, 이 간선도로와 직교하면서 주거지구로 통하는 도로를 호동胡同(후통)이라고 한다. 즉 호동은 사합원식 주거군의 길로, 주택은 거의 모두가 이 호동에 면해 출입구가 형성된다. 따라서 호동은 주거지역을 형성하는 길이라고 할 수 있다. 또한 우물이라는 어원에서 알 수 있듯이 이 말에는 공동체라는 의미가 내포되어 있다.
4) 고대 일본의 경지 구획의 제도로 360보를 六町(1보는 대략 1.8m)으로, 가로 세로를 사각형의 격자로 구획하고, 동서의 열을 條(또는 圖라고 한다), 남북의 열을 里(또는 坊이라고 한다)로 부른다. 여기에 각각의 기점으로부터 차례대로 이름을 붙여 무슨 조, 무슨 리라고 부른다.
5) 명나라 초기에 창건된 것으로서 처음에는 승천문(承天門)이라고 명명했으나 1651년 개축 때 천안문으로 개명하였다.

북경 서성구西城區 월단月壇 부근의 호동胡同 (복수경가福綏境街)

는 기분은 무척 좋았다. 더욱이 전각 밑에 있는 돌계단을 오르는 곳은 세 부분으로 구분되어 있는데 실질적으로 황제는 가마를 타고 올라갔으므로 계단의 중앙 부분, 즉 답도6) 踏道 위의 용 문양 위를 지나갈 수 있었던 사람은 가마를 탄 황제뿐이었던 것임을 느끼게 되자 더욱 기분이 묘해졌다.

북쪽 내정內庭 구역의 전시 모습에서 이곳에서 살았던 후궁들의 생활 모습을 그려 보고 싶어 영화〈마지막 황제〉를 떠올려 보았다.

북쪽의 신무문神武門을 벗어나 뒷산의 경산공원景山公園(높이 43~92m 정도 되는)에서 자금성의 전경을 바라보았다. 자금성 전각의 지붕 기와 색깔이 황색을 띠고 있었는데, 이는 황제를 상징하는 색으로 황제만이 취할 수 있

---

6) 전각을 오르기 위한 계단의 중앙 부분에 있는 비스듬하게 놓인 판 모양의 돌로 용이나 봉황 등의 문양이 새겨져 있다.

다. 이곳에서 바라보는 모습은 언제나 역광이기 때문에 사진을 찍기가 어렵다. 그래서 다음에는 꼭 여름의 해질 무렵에 이곳을 찾아 사진 찍기로 마음먹었다.

자금성을 앞서 설명한 것처럼 천안문을 통해 들어가 경산공원으로 나오는 것과는 정반대로 먼저 경산공원에 올라 자금성의 전체 배치를 한번 내려다 본 다음 천안문을 통해 나가는 코스도 흥미롭다.

항상 많은 방문객으로 붐비는 북경역을 옆으로 끼고 남쪽 2km 지점에 있는 천단공원天壇公園을 살펴보았다.

가장 북쪽에 위치한 목조건물로 원형평면으로 구성된 기년전祈年殿의 화려한 단청을 올려다보고 순간 나도 모르게 숨을 죽이고 말았다. 기년전의 3층으로 된 백옥白玉기단은 멀리 남서쪽으로 2,000km나 떨어져 있는 대리大理(따리)에서 온 대리석인데 당시에 이것을 어떻게 운반했을까? 또한 푸른 하늘로 통하는 청기와로 된 원형지붕, 지붕의 기와 폭을 점점 줄여가면서 잇는 방법은 당시로서는 어렵지 않았을까 하고 넋을 잃고 바라보았다.

기년전 남쪽에 있는 백옥 기단 위의 황궁우皇穹宇로 들어서면 푸른 하늘로 열려진 원형평면 주위의 담(직경 65m)이 회음벽回音壁으로 되어 있어 서로 이쪽과 저쪽에서 속삭이는 것을 흉내 내고 있었다. 이 서쪽에는 지하철 공사에서 판 흙을 피라미드 모양으로 쌓은 작은 산이 있었는데 이곳에서 사진을 찍고 싶어졌다.

가장 남쪽에 있는 3층의 원형 단으로만 구성된 천단天壇(탠탄)에 도달했다. 천단의 중심에서 손뼉을 치자 그 반향이 하늘의 음성으로 울려 퍼지는 것 같았다. 대단한 건축적 연출임을 느꼈다.

천단공원의 건축답사를 끝내고 출구에서 조사단 일행을 기다리는 동안 무심히 공중화장실에 들어갔다. 그 순간 충격으로 숨을 멈추고 말았는데, 화장실을 가리는 문짝이 없었기 때문이었다. 따라서 내가 서있는 쪽을 향해 웅크리고 앉아 있는 사람들의 눈과 마주치게 되었고, 순간 나의 머릿속에는 세계의 진귀한 화장실에 대한 기억과 경험이 떠올랐다. 또한 일본에도 얼마 전까지는 남녀구별이 없던 화장실이 있지 않았던가! 하고 이런 분위기에 익숙해지려고 했다. 물론 비행기나 열차처럼 입구에서부터 개인실로 되어 있으면 남녀구별이 필요 없을지도 모른다. 어쨌든 화장실에 대해서는 나이가 들면 책을 쓰려고 생각했을 정도니까, 더 상세한 것은 다음 기회로 미루기로 하고, 지금은 이곳 "니하오" 화장실의 고약한 냄새에 익숙해져 웅크리고 앉아서 오가는 사람들을 배웅하는 것이 즐겁게 느껴졌다.

중국의 수도首都답게 미식가에게 인기 있는 북경 오리고기 烤鴨 (카오야)와 궁정요리에서 소개의 글을 시작할 예정이었으나 잠시 다른 길로 빠지고 말았다. 그러나 어느 것이나 반드시 뜻하지 않게 만나는 것이다. 이런 귀중한 충격을 명백하게 정리하지 못한다든지, 또한 어떻게 서술해야 할지 갈피를 못 잡고 헤매면서 글을 쓰지 않을 필요는 없다고 생각한다.

이곳 북경에서의 한정된 일정으로 왕부정王府井, 유리창琉璃廠과 같은 곳으로 가고 싶은 것을 다음 기회로 미루고, 어두워지기 전에 북쪽으로 70㎞ 떨어진 곳에 있는 만리장성으로 올라 아득히 먼 옛날의 시간, 공간, 인간에게로 생각을 돌려보았다.

다음으로, 제3차 세계대전에 대비한 초창기 방공호를 북경으로 상경한 사람들의 숙소로 사용하고 있는 지하인방공정地下人防工程이 지하 동굴식 주거 연구에 도움이 되지 않을까 하여 참관하였다. 이곳은 여름인데도 시원하고 또한 난방도 잘 되었다. 방공호의 길 중간의 어느 방에 자전거가 고정되어 있어 혹시 미용실이냐고 물었더니, 정전 시에 이것을 사람의 힘으로 돌려 얻은 전력으로 환풍기를 돌린다고 하였다. 완전히 인해전술로 판 터널이었다.

북경 시내에는 이와 같은 얕은 터널이 아직도 남아 있다. 이곳의 조사 이후 찍은 사진 중 이 인력발전기의 사진은 공개되면 좋지 않을 것이라는 말에 특별참관이라는 기억만을 간직한 채 완전히 없애 버렸다.

이듬해에는 앞문이 커다란 울타리로 된 상점가에서 카운터 안쪽의 마루덮개를 열고 콘크리트 계단으로 내려가는 훌륭한 방공호를 참관할 수 있었는데, 진짜 핵 방공호는 다음에 보여주겠다고 했다. 미국에도 공공건물 입구에 "여기에는 몇 명이 들어갈 수 있다."는 방공호의 표시가 있기는 하지만, 이곳 방공호는 좀 색다른 경험이었다.

한정된 기간 동안의 북경 지역 건축여행의 추억은 국제학회가 막을 내린 인민대회당에서의 계속된 대연회로 끝이 났다.

북경 시내는 물론 교외에도 만리장성으로 가는 도중의 명明 십삼릉十三陵(북쪽으로 60km, 명대 황제의 릉)과 이화원頤和園(이허웬, 북서쪽으로 16km, 청대 서태후의 대별장) 등 볼 것이 한없이 많았지만 이것은 다음 기회로 남겨둘 수밖에 없었다.

1990년 가을 아시아 스포츠대회, 게다가 2000년 올림픽까지는 북경에도 많은 변화가 일어날 것이다.

차타니 마사히로茶谷正洋

북경 사합원 주택 (촬영 / 카스테르 백작)

명청의 황궁 자금성紫金城. (현재 고궁박물관으로 사용 중. 촬영 / 카스테르 백작)

남쪽 상공에서 내려다본 천단天壇 (촬영 / 카스테르 백작)

Chinese
Architecture

2

신강新疆(신장)과 서북각西北角을 가다

서역으로

 최초 방문지였던 북경의 초대 연회에서의 열렬한 환영을 뒤로하고 다음 목적지를 향해 북경을 벗어난 순간, 인간과 시간 그리고 공간 사이의 차이가 나타나기 시작했다.

 서역으로 여행을 떠나기에 앞서 잠시 중국 상황에 대해 소개해보면 아직까지 중국 내에서는 여행에 있어, 특히 성질 급한 여행객들에게는 더욱 짜증나게 만드는 것이지만 이유 없이 여러 시간 기다리게 한다거나 물건을 살 때 눈앞에 있어도 살 수 없는 경우가 있다. 기다리게 하는 것이 날씨나 사고 때문이라고 알려주면 감수할 수 있겠지만, 그것이 아닌 사회주의 체제에 따른 경직성에서 연유된 것이라면 역시 중국에서의 여행이 쉽지 않다는 것을 느끼게 된다.

 예를 들어 성省 지역을 넘어 달리다 관료기관에 의한 제지로 주유소에서의 급유를 거절당하면 정해진 시간 내에 목적지에 어떻게 도착할 수 있을까 하고 걱정이 된다. 또한 이러한 임기응변의 융통성이 없는 관료기관으로 인해 우리 측의 안내가 곤란을 겪고 있는 모습을 보면 약간의 웃음이 나오기도 한다. 중국에서의 여행 시 이러한 경우를 경험한 사람이면 누구나 알 수 있는 사정이다.

 또한 자신에게 필요한 물건이 눈앞에 있는데도 그것을 사지 못하는 경우는 이렇다. 공항과 역의 대합실 진열장 속에서 계속 찾았던 시가市街 지도를 겨우 발견하여 한 장 달라고 하면 무조건 없다는 대답이 돌아온다. 바로 진열장 속에 있는데도 이런 말을 들으면 화가 치밀어 오른다. 판매수익과는 관계가 없는 급료로 직업적 사명감이 별로 없는 공무원은 무엇이건 없다는 것으로 대답해 사람을 난처하게 만드는 것이다. 나중에 알게 된 사실이지만 지도가 진열장 속에 있어도 진열장을 여는 열쇠를 가진 주임이 없으니까 있어도

줄 수 없는 것이었다. 이 판매원이 아마도 몇 백번은 똑같은 대답을 되풀이하였을 것을 생각하면, 오늘날 중국의 이상한 사정에도 이해가 갔다. 이후에 지도를 구입하였는데 지도는 터무니없이 가격이 저렴하였다.

전 세계에 뿌리내리고 살고 있는 중국인이 모두 그렇다는 것은 아니지만, 어떤 중화요리점에 가더라도 조금은 어둑하지만 음식이 값싸고 맛이 있어 언제나 안도감을 갖는다. 이 같은 생각으로 중국대륙을 깊이 알고 싶다.

중국에 대한 비난이 아닌 관계개선을 위해서 하는 말이지만, 여행이 거듭됨에 따라서 중국풍에 익숙해져 편안한 마음으로 즐길 수 있게 되기도 하였으나 또한 약간 화나는 일도 있었다. 그런 가운데 중국에서 기뻤던 일은 얼마나 될까? 같은 몽골계의 인종으로 한자를 사용하고 있고, 지도와 책도 싸며, 커피용의 뜨거운 물도 무료이고, 음식도 비교적 맛있고 값이 싼 것 등 중국여행에서의 좋은 점은 많이 있다. 또한 대체로 머리도 눈도 검어서 위화감도 별로 없다. 그래서 우리 조사단 가운데서 누가 일본풍인지 중국풍인지 서로 맞추기 내기를 한 적도 있는데, 지금도 그 모습을 머릿속에 그려보면 언제나 즐겁다.

한자로 필담을 나눌 수는 있지만 간체자簡体字는 언뜻 이해할 수 없는 글자가 많이 있다. 또한 발음도 전혀 다르다. 동행한 중국인에게 중국시를 몇 번이고 불러주길 부탁했는데 리듬을 탄 그 음악적인 발음의 아름다움은 좋았지만 들어보면 내용은 전혀 알 수가 없어 아쉬웠다.

또 하나 재미있는 예를 들면 기차는 택시나 버스, 전차는 트롤리버스(trolley bus), 화차火車로 부르고 있는데, 나중에 안 일이지만 화차는 사람들이 이것을 타려고 몰려드는 바람에 북새통을 이룬다고 해서 붙여진 이름이다. 또한 호텔을 이곳에서는 반점飯店 또는 빈관賓館이라고 부른다.

각 지역의 신화서점新華書店은 이른바 대형 서점으로 시간을 보내기에는 안성맞춤인데, 이 서점의 뒤쪽에는 외국인이 들어가지 못하는 매장이 있다고 한다.

　지도로 말하면 1960년대부터 미국에서는 주유소에 무료로 얻을 수 있는 주州나 시의 지도가 진열되어 있었다. 오늘날에도 간단한 지도라면 공항의 렌트카 카운터에서도 얻을 수 있다. 그러나 중국에서는 이러한 지도를 얻는 것이 어렵다. 또한 중국의 지도는 방위나 축척이 기입되지 않은 것이 많아 이해하기가 어렵다.

　다음으로 중국의 호텔과 열차에서는 언제나 보온병에 따뜻한 물을 준비해 놓고 있다. 이것은 공산주의 체제의 덕택이었다. 그래서 나는 중국 여행 시에 항상 인스턴트커피와 컵라면은 빠트리지 않고 준비한다.

　오랜 중국에서의 여행 덕분에 이곳에서의 식사도 제법 익숙해지게 되었다. 그러나 아직도 세끼 식사에서의 기름기 때문에 설사가 계속되면, 기계 기름이냐 피마자 기름이냐 하고 한숨을 쉬게 되고, 덕분에 이곳의 독특한 화장실 사정에도 익숙하게 되었다. 많은 중국 여행 경험으로 기름기가 별로 없는 맛있는 죽을 알게 되어 어느 지역을 가든지 이 메뉴를 되풀이해서 주문하였다. 또한 지금은 중국인에 섞여 여행을 할 수 있을 정도가 되어 더욱 값싸게 여행을 할 수 있게 되었다.

　중국의 열차 여행은 넓은 대륙답게, 예를 들면 시간표 가운데서 가장 긴 직통을 찾으면 북경-우루무치 간 3,774km, 특급열차번호 69는 3박 4일, 71시간 50분으로 나와 있다. 요금은 연와차軟臥車 395원 元, 경와차硬臥車 128원, 외국인인 경우 각각 약 1.7배이다(1원은 약 30엔円 전후). 이 사이를 제트기로 여행한다면 4시간 정도로 외국인이 909원, 중국인은 반액으로 가능하다. 버스(장도기차長途汽車)는 시간은 걸리지만 열차로 갈 수 없는 도시와 마을을 돌 수 있고 가격도 저렴하다. 어떤 사람은 장거리 트럭에 편승하여 며칠이고 운전수와 같이 먹고 자고 하면서 오지에 가기도 했다.

또 다시 탈선하여 정식 서역기행은 기다리는 수밖에…….

차타니 마사히로 茶谷正洋

화주火州 투루판吐魯蕃

오래 전부터 '서역'으로 불리던 신강新疆 위구르維吾爾(웨이우얼) 자치구는 일찍이 유라시아 대륙의 오아시스 여러 도시를 연결했던 동서교통로, 즉 실크로드의 중요한 역할을 담당해온 지역이었다. 그 가운데서도 천산天山(톈산)산맥 남쪽 기슭의 사막으로 둘러싸인 분지 가운데의 오아시스인 투루판은 당시 가장 번영하였던 '숙박 장소'의 하나였고, 오늘날에도 이곳에 남아 있는 역사적인 유적과 출토된 많은 문물을 통해 동서 문화의 접점으로서 번영해 온 것을 말해 주고 있다. 반면에 자연환경은 대단히 혹독하여 비가 거의 오지 않는 극도의 건조지대로서 여름의 평균기온은 섭씨 40℃를 넘고, 지표의 온도는 70℃까지 이르는 중국 제일의 고온지대이다. 한편 겨울에는 영하 20℃의 모래 섞인 찬바람이 휘몰아치는 극한지역으로 바뀐다. 이와 같은 혹독한 자연환경 속에서 지금도 끊임없이 삶을 지속해 나가고 있는 투루판을 방문한 것은 한여름인 7월말이었다.

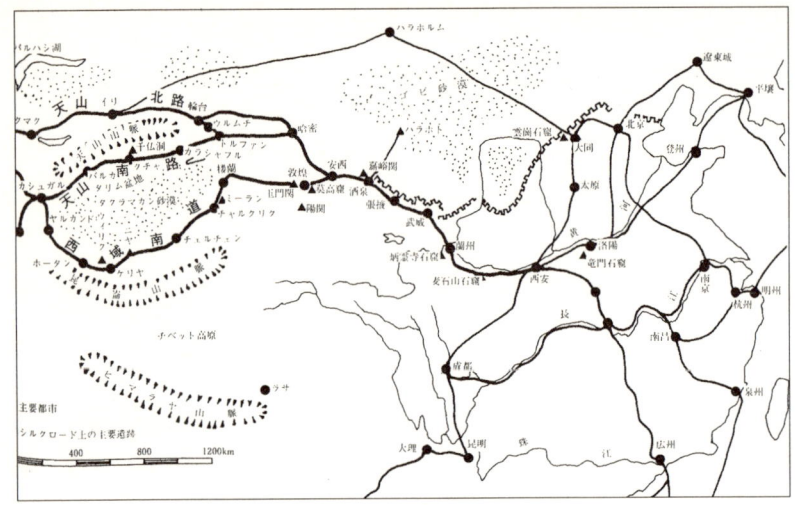

실크로드 지도

　서역으로 가는 하늘의 현관인 우루무치烏魯木齊 공항에서 차로 30분 정도면 자치구의 수도 우루무치시에 도착한다. 지금의 중심가는 그저 넓기만 한 거리와 해방 후에 건축된 것으로 생각되는 4~5층의 빌딩들이 구성하는 시가지로, 중국 어느 도시에서도 볼 수 있는 풍경에 다소 실망하게 된다. 그러나 재미없는 이 큰 거리를 벗어나면 분위기는 급변한다. 차가 겨우 비껴갈 정도의 거리 양쪽은 햇볕에 건조시킨 벽돌 벽에 가는 통나무와 흙으로 만들어진 평지붕의 가옥들이 줄줄이 이어지고, 작은 광장에는 햇볕을 가리는 천막을 친 노점상이 줄지어 있다. 이곳에 몰려있는 군중과 오고가는 사람들은 위구르계, 터키계, 몽골계, 거기에다 중국계 등 그 얼굴 모양이 가지각색이어서 다민족 국가인 중국의 축소판을 보는 듯한 느낌이 든다. 그리고 길모퉁이의 정치적인 선전물과 상점의 간판에 아라비아 문자가 함께 적혀 있거나 한 것을 보면 겨우 중국 본토에서 벗어나 서역의 이슬람세계로 발을 들여놓았음

노상에서 만들어 건조시킨 벽돌 (우루무치烏魯木齊 시내)

을 실감하게 된다.

서역의 이슬람역사를 살펴보면 북방의 유목민(위구르인 등)과 터키인이 오아시스 지대로 대거 진출하여 차츰 정착생활을 시작한 10세기 무렵, 이전 주민이었던 아리아계의 사람들은 얼마 되지 않아 이들에게 동화되어 '터키' 화 되어갔다. 같은 무렵 서쪽으로부터 이슬람교가 유입되자 이것이 터키인에게 받아들여져 이 지역의 이슬람화가 급속도로 진전되었고, 불교도와 그 밖에 이교도를 계속 흡수하여 15세기 무렵에는 터키계 이슬람 사회가 서역 전체에 정착하였다고 한다. 다시 말해서 자치구 인구 약 1,400만 명 가운데 500만 명이 넘는 한족 외에는 위구르족을 필두로 카자흐족哈薩克族, 키르기스족柯爾克孜族 등 이슬람교를 신봉하는 소수민족이다.

우루무치의 시가지를 남으로 빠져 천산산맥 기슭의 구릉지대로 접어들자, 지형은 갑자기 험준해졌고, 황량한 불모의 대지에 도로는 이리저리 구부러지면서 산골짜기로 통하고 있다. 언덕을 넘자마자 양쪽 기슭에 버드나무가 무성한 백양강白楊江이 나타났고, 맑게 흐르는 그 강물을 따라 내려갔다. 강가 모래밭에서의 잠시 동안의 휴식에 우리 조사단 일행은 우루무치에서 산 하미과哈密瓜*로 입맛을 다시면서 실크로드에 대해 이야기를 했다.

무더운 날씨 속에 여행을 하게 되어 목이 말랐던 탓인지 눈 깜짝할 사이에 하미과의 껍질이 가득 쌓였다. 현지인의 얘기로는 실크로드를 지나는 나그네는 하미과 껍질의 안쪽을 밑으로 하여 버렸다고 한다. 그렇게 함으로써 조금이라도 수분의 증발을 막았다는 것이나. 물을 얻기 위해 삶과 죽음의 갈림길을 헤매면서 겨우 이곳을 찾아온 나그네에게 있어서는 한 조각의 껍질도 귀중한 수분이 될 수 있었다는 것이다. 이곳에 한때 이와 같은 극한 상태의 나그네가 있었던 까닭일까, 가혹한 건조지대가 아니면 볼 수 없는 정감 있는 이야기였다.

마침내 차는 골짜기 길을 벗어나 주먹만한 큰 돌을 전면에 깔아놓은 듯한 평원을 가로질러 다시 작은 언덕을 넘어서 투루판 분지로 나왔다. 중국에서 가장 표고가 낮은 이 분지는 가장 낮은 곳이 해면 밑 154m로 중동의 사해死海**에 이어 세계에서 두 번째로 낮은 곳이다. 그래서 인지 위구르어로 움푹 파인 땅을 뜻하는 투루판의 광대한 고비사막 가운데서 차는 절구통 밑으로 빠져 들어가는 듯한 느낌으로 나아갔다.

"저것이 카얼징坎兒井*** 입니다." 신강건축학회新疆建築學會의 김 선생 목소리에 차를 멈췄다. 그것은 이란의 카나트(Qanat)나 아프카니스탄의 카레즈(karez)****와 같은 인공 지하수였다. 눈 녹은 물이 풍부한 천산산맥의

---

*하미과. 신강성의 하미에서 나는 참외와 멜론을 합친 것 같은 과일로 노란색을 띤다. 청나라 강희제가 신강성을 순시할 때 이 과일의 맛을 보고 반하여 하미과로 칭하였다고 한다.
**사해. 아라비아 반도의 이스라엘과 요르단에 걸쳐있는 염호鹽湖.
***카얼징. 일종의 지하 관개수로로 만리장성, 대운하와 더불어 중국 고대의 3대 공사에 속한다.

투루판 근교의 카얼징坎兒井

기슭에서 20~30m 간격의 단단한 횡혈을 파고 그 밑바닥을 지하 수로로 연결하여 투루판으로 물을 끌어오고 있는 것이다. 가까이 다가가서 보면 지름 60cm 정도의 굴 둘레에는 파낸 흙이 쌓여 마치 작은 달의 분화구 같다. 그것이 띄엄띄엄 고비사막 속에 이어져 있다. 그 길이는 약 10㎞ 정도, 그 가운데에는 거의 30㎞에 달하는 것도 있다고 한다. 가지고 있던 로프를 사용해 굴의 길이를 재어보니 30m의 길이에서는 수면에 이르지 않았다.

이란의 오아시스 도시인 카샨(kāshān)과 예즈드(Yazd)에서는 카나트로 끌어온 물을 도시의 지하로 공급하여 모스크(mosque)*나 주택 등 필요한

****카레즈. 건조지대에서 지하수를 취수하는 장치의 한 가지.
*모스크. 이슬람교의 예배당(사원)으로 꿇어 엎드려 경배하는 곳이라는 의미인 아랍어의 마스지드(masjid)가 에스파냐어의 메스키타(mezquita) 그리고 프랑스어의 모스케를 거쳐 영어로 변한 것이다. 건물은 주로 돔과 뾰족한 첨탑(미너렛, Minaret)을 가진것이 특징적이다.

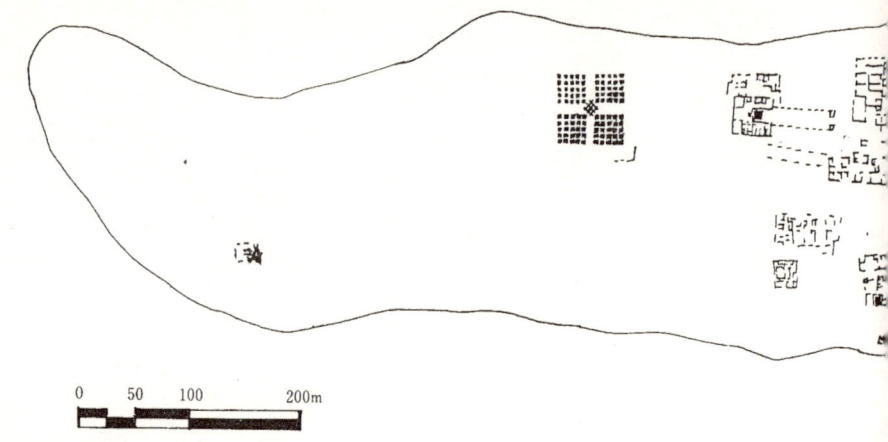

교하고성交河故城 (작도 / 신강新疆건축학회)

곳에 판 우물에서 물을 끌어올리는 것을 보았다. 그러나 지세의 경사에 특징이 있는 투루판에서는 카얼징의 물은 취락의 끝에서 지표로 올라온다. 그곳에서부터는 건조된 벽돌 등으로 덮인 수로를 통해 취락 내를 빠져나가고, 또한 증발을 막기 위해 수로를 따라 심어진 포플러와 버드나무를 적시고, 마지막으로 경작지로 흘러가서 녹색의 오아시스를 만들어 낸다.

투루판 초대소의 로비에 카얼징의 배치 모습이 들어 있는 도시 지도가 붙어 있었다. 고비사막 가운데 점선 모양의 카얼징이 수십여 개, 평행으로 또는 한데 뭉쳐서 취락을 향해 계속해서 길게 뻗어 있었다. 그것은 오아시스 투루판의 사회기반을 형성하는 사회기본시설의 하나였고, 이곳 사람들의 생명선 그 자체임을 느끼게 해주었다.

그런데 북경과 이곳 투루판은 실질적으로 약 2시간의 시차가 있고, 게다가 지금은 여름이어서 시계의 바늘은 오후 8시가 지났는데도 아직 해가 지지 않았다. 이런 이유로 우리들은 시가지에서 떨어진 카얼징의 하부조직을 볼

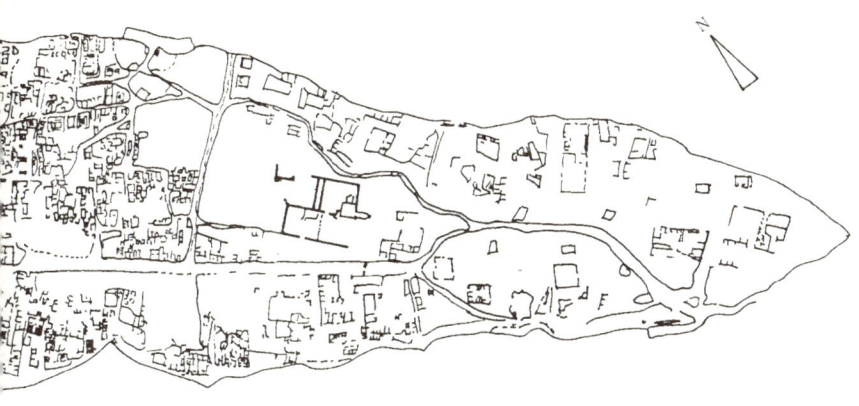

수 있게 되어 몹시 이득을 본 기분이었다. 그러나 생각해보면 동서 5,000km나 되는 중국에서 표준시간이 북경시간뿐이라는 것은 약간 무리가 있다고 생각되었다. 교통기관 하나를 예를 들어 보더라도 변경邊境지역을 여행하면 일출 전에 출발한다든지, 심야에 도착한다든지 하는 엉뚱한 시간대에 이동하게 되는 일이 종종 생긴다. 생각해보면 그만큼 중국의 중심인 북경에 편리하도록 짜여진 다이어그램을 많이 발견할 수 있다. 과장해서 말하면 변경지역을 무시한 중앙집권적인 모습이 나타나고 있는 것 같은 느낌이 들었다.

다음날 아침 투루판 관광의 관심을 끄는 것 가운데 하나인 교하고성交河故城*(찌아오허꾸청)을 답사했다. 이것은 시가의 중심에서 서쪽으로 약 10km, 그 이름에서 짐작할 수 있듯이 두 줄기의 강(학곡洰谷)이 교차하는 모래

---

*교하고성. 고대 서역제국의 하나인 교하국, 차사전국車師戰國의 도시로 서역의 정치, 경제, 문화의 중심지였다. 이 성은 두 하천 사이로 솟은 30m의 벼랑위에 세워져있고 폭이 300m, 길이가 1,650m로 남쪽에 입구가 있다. 특이한 점은 다른 성곽과 달리 성벽이 없다. 이것은 절벽에 위치한 지형적 요인으로 보인다. 또한 고창고성이 광활한 평지에 위치한 반면 교하고성은 2개의 강이 흐르는 중앙에 위치하고 있다.

벌판의 대지 위에 세워진 고대의 도시 유적이었다. 최대너비 300m, 길이 1.5km에 달하는 배 모양의 대지 주위는 30m 정도의 절벽으로 되어 있어 그야말로 천연의 성채도시였고, 강 건너편 언덕으로부터의 전망은 마치 거대한 전함의 형상을 생각나게 했다. 뱃머리에 해당하는 남쪽 입구에서 성 안으로 접어들면 너비 10m 정도의 큰 거리가 교하성 최대의 유적지인 불교사원 유적지까지 이어진다. 성의 중앙부분에 있는 사원의 동쪽은 붕괴되고 남은 흙집이 밀집해 있었고, 반은 모래에 묻힌 미로와 같은 골목이 시가지의 자취를 아직도 남기고 있었다.

주거를 비롯한 많은 건축물이 자연의 대지를 파헤쳐 만든 교하성에 있었고, 용도가 확실하지 않은 지하 건축물도 있었다. 이 지하 건축물은 높이 2m 정도의 흙 담이 둘러쳐진 한 모퉁이에 한 변이 약 10m인 사각형의 수혈을 깊이 6m 정도 파내려간 다음 이것을 중정으로 해서 사방 벽면에 횡혈을 뚫은 유적이었다. 형태적으로는 우리의 여행 목적지인 황토고원의 지하 동굴식 구조 '하침식 야오동 동굴주거' 그 자체였는데 성 안에 하나밖에 볼 수 없어 주거라고는 생각하기 어려웠고, 묘廟 또는 감옥 유적지라는 설도 있으나 입증할 길이 없었다. 그러나 우리에게 있어서 이 건축물은 하침식 야오동 형식을 지닌 건축임에는 틀림이 없었다. 그래서 우리 일행은 서둘러서 게걸음으로 벽면을 따라 걸으면서 실측을 하기로 했다.

무언가에 몰두하게 되면 시간의 관념이 없어지는 것이 나의 나쁜 버릇이었다. 당초 예정했던 고창고성高昌故城*(까오창꾸청)은 김 선생의 '이제 그만 돌아갈 시간입니다.' 라는 한마디에 그만 둘 수밖에 없었다. 이 성은 현장

---

*고창고성. 후한이 멸망한 후 번성했던 투르판의 중심지로 교하고성과는 달리 흙벽돌로 세워진 성이다. 성은 499년 한나라 출신의 국문태麴文泰가 세운 것으로 둘레가 5.4km, 면적이 220k㎡정도로 외성, 내성, 궁성의 세부분으로 구성된다.

삼장玄裝三藏과 관계가 있는 성인만큼 약간 마음에 걸렸으나 민가를 찾을 시간이 없어진다는 말을 듣고서 하는 수없이 발길을 돌렸다. 왜냐하면 나는 유적보다도 현재 사람들의 생활상이 보고 싶었던 것이다.

뜨거운 태양이 내리쬐는 취락 내의 거리는 더위 탓일까, 낮잠 자는 시간 탓일까, 인적도 거의 없고 조용하기만 했다. 그러나 우리 조사단 일행이 방문할 집의 주변만은 이미 조사단 일행이 온다는 소식을 전해 듣고 있었는지 근처의 사람들과 아이들이 나무 그늘에서 진을 치고 우리 일행이 오기만을 기다리고 있었다. 이 민가는 초대소에서 걸어 10분 정도의 위치에 있는 위구르족의 민가였다.

위구르족의 주거는 지역에 따라서는 재료도 바뀌고, 형식에 있어서도 상당한 차이가 나는데, 이 종족 대부분의 사람들이 살고 있는 오아시스 지역으로 한정해서 말하면 햇볕에 말린 흙벽돌로 구성한 중정형이 일반적인 형식이고, 여름과 겨울의 주거를 구분해서 사용하기 때문일지는 모르지만 방의 숫자가 많고 규모가 큰 집이 많았다. 이 가운데서 기온의 고저차가 특히 심한 투루판에서는 대부분의 집에 지하실과 반지하의 방이 있고, 온돌식의 침대를 갖춘 겨울용의 침실과 여름의 부엌 등 계절에 따르는 사용법이 이루어지고 있었다. 또한 중정과 반지하방의 옥상테라스, 벽이 없이 외부로 통하는 마당 등으로 구성된 열린 공간은 더운 날의 접객과 식사의 장소로 이용되고, 잠자기 힘든 여름밤의 침실로 대신할 때도 있다. 다시 말하면 그들은 계절과 기후에 따라서 집안을 이리저리 이동하면서 생활하고 있는 것이다. 이런 이들의 생활에 근거한다면 지난날의 유목생활과 결부시켜보고 싶은 생각이 들었다. 잠깐 생각하는 사이에 입구 주위에는 많은 사람들이 모여들었고, 마당에 놓여진 침대 위에서 노는 아이들과 작별을 하고 세 번째 민가로 향했다.

우리 일행이 방문했던 민가들에 대한 실측은 할 수 없었으나 대부분의 민

투루판 민가의 중정 (촬영 / 大野隆造)

투루판 민가의 입구(우)와 반지하의 부엌(좌)

가가 규모, 방의 종류와 그 배치, 설비와 재료 등 기본적인 건축 구성은 거의 일관되어 있는 것처럼 보여 나는 위구르족이 갖고 있는 사고방식의 규범을 확인해보고 싶은 생각이 들었다. 또한 일본 교토京都의 도시주거를 떠오르게 하는 직사각형 모양의 대지분할도 재미있었고, 카얼징의 수로와 주거배치의 관련성 등에도 흥미가 생겼다. "야오동의 조사가 일단락되면 다음은 실크로드를 따라서 나열해 있는 취락을 로마까지 조사하자." 하는 꿈을 서로 이야기하면서 우리는 이미 40℃를 넘은 무더운 날씨 속에 길을 액민탑額敏塔*(이민타)으로 향했다.

약 200년 전의 청나라 건륭년간乾隆年間에 세워진 벽돌로 만들어진 탑인 액민탑은 취락의 끝에서 300m 정도 떨어진 나지막한 언덕 위에 있고, 그 옆에 대략 1,000명 이상의 사람을 수용할 수 있는 간략하고 꾸밈없는 예배당이 있다. 찌를 듯이 푸른 하늘에 우뚝 솟아있는 흙빛의 탑은 높이 36m로 부근에 있는 취락의 전경 사진을 높은 곳에서 찍기 위해 단단히 마음먹고 탑 내부의 나선계단을 뛰어올랐다. 광막한 세계에 멀리 천산산맥의 산들이 보였으나 기대했던 취락은 포플러 나무에 가려져 아무것도 보이지 않았다. 숨을 고르기 위해 10분 정도 있었을까, 투루판의 시가를 감싸듯이 무성한 포플러의 숲이 사람들의 삶을 지켜주는 성벽처럼 보이기 시작했다.

우루무치로 돌아오는 길에 천산산맥 기슭에서 카자흐족의 파오包*를 발견하여 벌판으로 차를 몰았다. 가까이 다가가서 보자 여인들이 파오를 한 참 조립하고 있는 중이었다. 곁에 쌓아둔 가재도구 위에서는 아이들이 자기의

---

*액민탑. 신강 최대의 고탑古塔으로 소공탑蘇公塔(쑤공타)이라고 한다. 탑의 조각이나 형태를 보면 이슬람의 영향을 많이 받았음을 알 수 있다. 일설에는 청대 명장인 액민화탁額敏和塔이 청 왕조의 은혜에 보답하고, 아울러 자신의 일생의 업적을 후세에 알리기 위해서 은화 7천냥을 들여서 짓기 시작했다고 한다. 액민화탁이 죽고 난 뒤 1778년에 둘째 아들인 소래만蘇來滿(쑤레이만)에 의해 완공되었다. 탑은 높이가 약 44m, 둘레가 10m 정도의 원형탑으로 내부에는 72개의 나선형 계단이 있다.

카자흐족哈薩克族의 파오

집이 완성되는 것을 기다리고 있었다. 그들의 말에 의하면 남자들은 하루 종일 방목으로 나가 있다는 것이다. 끊임없이 목초지를 찾아 이동하는 이들 유목민의 생활은 고대 실크로드의 화려했던 무렵부터 커다란 변화 없이 계속되었을 것이다. 버들가지로 만들어진 뼈대가 조립되자 여자들은 능숙한 솜씨로 펠트를 말아나갔다. 이 같은 정경에 책과 영화에서는 절대로 맛볼 수 없는 감동을 느껴 나도 모르는 사이에 눈물을 흘리고 말았다.

내일은 난주蘭州(란저우)로 가고 이틀 뒤에는 황토고원의 야오동 조사로 접어든다. 문틈으로 살짝 엿보기만 한 서역이었지만 아름다우면서도 냉혹한

---

*파오. 게르라고도 하는데 약 높이 1.2m의 원통형 벽과 둥근 지붕으로 되어 있다. 벽과 지붕은 버들가지를 비스듬히 격자로 짜서 골조로 하고, 그 위에 펠트를 덮어씌워 이동할 때 쉽게 분해하고 조립할 수 있다. 입구는 남으로 향하며 중앙에 화덕, 정면 또는 약간 서쪽에 불단(佛壇), 벽쪽에는 의장함, 침구, 조리용구 등을 둔다. 연령이나 성별에 따라 자리가 정해 있고, 안쪽에 가장(家長)이나 라마 승(僧)이 앉는 상석이 있다. 파오는 바람의 저항이 적고 여름에는 시원하다.

대자연 속에서 생활하는 사람들로부터 인간의 살아가는 방식의 본질을 어렴풋이 알게 되었고, 옛 실크로드를 생각할 수 있었던 여행이었다.

나카자와 토시아키 中澤敏彰

금성金城 난주蘭州(란저우) - 난주인 임진영任震英

실크로드의 중요지점인 난주蘭州의 별명은 금성金城이라고 한다. 금성의 명칭은 전한前漢 무제武帝 때 하서河西로 출정한 곽거병霍去病이 돌아온 뒤 하서 오군五郡의 하나로 이곳에 금성군이 설치된 것에서 유래되었다. 이때부터 계산하면 난주는 2,000년의 역사를 지니게 된다. 유구한 역사가 있다고는 하나 반세기 전에는 인구가 겨우 17만 명(현재는 약 130만 명)으로 서북의 가난한 성에 지나지 않았다.

그 가난한 성을 되살리고 참다운 금성으로 개조한, 아니 지금까지도 그것을 계속해서 실행하고 있는 사람이 있다. 바로 임진영 선생이다. 그의 이력은 다양한데 건축사, 성시규획전가城市規劃專家(도시계획가), 중국건축학회 부이사장, 난주시 부시장, 그리고 시인 등등 만날 때마다 그의 이력이 첨부되어 명함의 여백이 작아지는 것이다. 70세 후반으로 접어든 오늘날에는 대부분의 공직에서 물러났으나 아직도 전국 각지의 건축과 성시城市(도시)의 조사로 바쁜 일과를 보내고 있다고 한다.

임진영 선생과 난주시와의 인연은 지금으로부터 50여 년 전 하나의 다리 공사에 의해 맺어졌다. 1948년 8월 26일 심야, 즉 중화인민공화국성립(1949년 10월 1일) 1년 전 난주시에는 시가전으로 인해 화약연기가 가득하였다. 그 날 밤 황하에 걸려있던 철교가 반공산군에 의해 폭파되어 반 이상이 파괴되

반세기 전의 중산교中山橋 (촬영 / 카스테르 백작)

었다. 이 다리는 1909년 독일의 기술 원조를 받아 설치된 것으로 황하에 가설된 철교로서는 최초의 것이었다. 이 다리의 파괴로 인해 공산당군, 즉 해방군은 하서河西로 통하는 중요한 보급로를 차단당하게 되었다. 그날 밤 난주에 머물고 있던 팽덕회彭德懷 (펑더화이, 1898~1974) 팔로군부총사령(八路軍副總司令)은 "난주에는 공산당원 중에 쓸 만한 공정사工程師가 없는가?" 하고 당시 난주에서 지하운동을 하고 있던 당원의 지도자 나양실羅揚實에게 물었다. 그 자리에서 "있습니다!"라고 대답한 나양실의 머릿속에는 임진영 선생의 얼굴이 떠올랐던 것이다. 즉시 임진영 선생의 집으로 달려간 나양실은 수 시간 만에 대강의 다리 보수안을 전해 받고 곧바로 몇 사람의 공정사와 작업인원 200명을 모아 현장으로 직행하였다. 그로부터 8일 밤낮에 걸친 악전고투 끝에 다리는 원래대로 복구되었다. 다리가 복구되었다는 말을 듣고 조사에 나선 팽덕회는 계속해서 하서를 향해 강을 건너는 해방군의 모습을 보고 임진영 선생의 손을 덥석 잡고 감사함을 전했다.

그 뒤 임진영 선생은 난주를 당연히 제1의 공업도시로 키우고자 현대 도시로서의 기본구조를 정비하는 한편 황량한 황토고원의 녹지화에 심혈을 기울였다. 따라서 난주의 시가지 전체가 임진영 선생의 설계라 해도 과언은 아닌데, 특히 임진영 선생의 인품을 나타내는 것으로 백탑산白塔山(바이타샨) 공원을 들고 싶다.

서안西安(시안)에서 기차로 난주에 들어서면 오른쪽으로 계속해서 뻗어 있는 산 능선 위에 흰 탑이 외따로 서있는 것이 보인다. 난주역에서는 이 흰 탑(원나라 때 창건, 명나라 때 재건)의 발밑까지 이르는 공공기차가 있는데 나는 언제나 이보다 세 정거장 앞선 정거장인 시위市委(난주시 정부 앞)에서 내린다. 이곳에서 황하를 끼고 인도를 따라 천천히 걷는 것이다. 그러면 황하를 사이에 두고 오른쪽 전방으로 흰 탑이 가까이 다가오게 된다. 또한 길을 따라 걷다가 황하의 흐름에 시선을 멈추는 사람들의 옆모습을 보면 왠지 얼굴 윤곽에서 짙은 서역풍을 물씬 느끼게 된다.

20여 분 정도 걸으면 앞서 설명한 철교에 이른다. 이 다리는 중산교中山橋*라는 애칭으로 친숙하고 오늘날에는 난주 관광의 얼굴노릇을 하고 있다. 백탑산 공원을 정면으로 바라보고 황하의 물 흐르는 소리를 들으면서 이 다리를 건널 때에는 왠지 언제나 '난주에 왔구나' 하고 느끼게 된다. 생각하기에 따라서는 임진영 선생의 손바닥 위를 걷고 있는 것과 같은 느낌이 들기도 했다.

백탑산 공원으로 들어가 산을 오르기 시작하자 전통적 양식의 정랑亭廊과 전각殿閣이 보였다. 이것도 임진영 선생이 설계한 것이다. 이 가운데서도

---

* 중산교. 1907년 독일의 빌헬름 2세가 독일 기술자를 파견해서 황하에 제일 처음 세운 철교로 황하제일교黃河第一橋라고도 부른다.

2층의 지붕을 지닌 사각정四角亭은 상층을 45° 회전시킨 교묘한 건축이었다. 45° 회전이라고 하면 이것을 현재 건설 중인 신 도쿄도 청사의 원형으로 보는 것은 지나친 생각일까? 어쨌던 그는 중국의 전통건축을 무척 사랑하지만 결코 전통에 맹종하지 않고 무언가 새로운 해석을 덧붙인다.

정상의 흰 탑을 목표로 가쁜 숨을 몰아쉬면서 올라가는 도중에 뒤를 돌아다보면 난주의 시가지가 한눈에 내려다보인다. 황하, 철교, 시가지 구역 등등…… 나 스스로에게 임진영 선생은 이 산을 몇 번 올라갔을까 하고 자문해 보았다.

흰 탑에 겨우 당도했을 때에는 숨이 막 끊어질 듯하였다. 보통의 관광객이라면 30분 정도 쉬면서 공원을 돌아보고 다시 올라온 경로를 따라 내려가게 되는데, 사실은 이 흰 탑 뒤로 돌면 임진영 선생의 최근 작품을 볼 수가 있다. 백탑산과 작은 골짜기 하나를 사이에 둔 북쪽 사면에 말굽형 아치의 개량 야오동군이 있는 것이다.

일본과 중국건축과의 교류는 황토고원의 혈거식穴居式 주거 야오동의 연구가 계기가 되었는데 임진영 선생은 당시 중국측 연구가의 대표였다. 1980년대 결성된 '야오동 및 생토건축조연조生土建築調硏組'의 슬로건 "위한요소환춘천爲寒窯召喚春天(야오동에 봄을)"은 임진영 선생이 생각해낸 말이었다고 한다. 4,000만 명으로 일컬어지는 야오동 거주자의 주거환경개선을 목적으로 했던 것으로 그는 야오동 주거의 개량안을 백탑산의 뒷산에 실현했던 것이다.

현재는 '중국 야오동 및 생토건축연구회'로 명칭을 바꾸고 '난주시蘭州市 절지절능節地節能(성토지성省土地省 에너지) 건축규획 설계연구소'와 합친 본부를 이곳에 두고 있다. 이 두 조직의 소장이 임진영 선생이고 비서장이 왕부王玣 씨이다. 관심이 있는 분은 연락을 취하는 것이 어떨까 한다. 몇 개

백탑산白塔山 공원안의 이대패하二台牌厦

의 야오동 개량안 또는 성省 에너지 건축이 지금도 건설 중인데 이곳에 상주하면서 진두지휘를 맡고 있는 사람이 왕부 씨이다. 50대 중반이라고 들었는데 완전히 백발이고 검게 탄 얼굴에 언제나 담배를 물고 있었다. 왕부 씨의 모습을 발견하고 백탑산 뒤편에서 큰 소리로 "왕노사王老師"라고 부르면 왕부 씨도 몸동작으로 응답해 주었다. 들리는 바로는 왕부 씨는 대학을 졸업한 후 야오동의 연구를 시작한 지 벌써 40년이 지났다고 한다. 그는 토착적 연구가임을 자부하고 있었다. 감숙성甘肅省(간쑤성)의 변경에서 이 개량 야오동에 관한 것을 듣고 견학을 온 사람들에게 이것에 관해 설명하는 왕부 씨의 눈은 빛나고 있었다. 그 같은 왕부 씨를 지켜보는 임진영 선생의 눈도 또한 확신에 가득 차 있었다.

임진영 선생과 난주의 거리를 걸으면 지나가다 만나는 사람들은 누구나 스스럼없이 "임로任老 부시장" 하고 말을 건넨다. 이런 임진영 선생을 보고

백탑산白塔山 뒤의 개량 야오동 (왼쪽이 왕부씨)

있으면 여백이 적은 명함을 차라리 '난주인 임진영'으로 바꾸었으면 하고 생각하게 한다.

야시로 카츄히코 八代克彦

하하夏河(샤허) 납복릉사拉卜楞寺(라부렁스)

유가협劉家峽(류자샤) 댐으로 흘러 들어가는 황하의 한 지류에 대하하大夏河(다샤허)라는 강이 있다. 그 강의 수원水源을 지도상으로 찾으면 감숙甘肅(간쑤), 청해青海(칭하이) 두 성의 경계에 이르게 된다. 그곳에 강의 이름을 지명으로 한 하하夏河라는 티벳족藏族의 시가지가 있다. 이곳은 라싸拉薩에 이은 라마교의 중요한 중심지이다. 이곳은 감숙성의 성도省都 난주에서 서남으로 약 250㎞, 차로 약 8시간 정도의 거리에 있다. 참고로 중국에서는 어느 변경에 가더라도, 또는 어떤 낡은 차에 탔다 하더라도 시속 30㎞로 생각하면 도중에 시간에 늦어져서 초조해 할 것도, 불안에 떨 것도 없을 것 같다.

 난주를 아침 7시에 떠나 엉덩이를 중심으로 몸이 경직되기 시작할 때까지 우리 일행을 태운 소형버스는 대하하의 작은 물줄기와 궤를 하나로 해서 그 발원지와 산봉우리 사이를 오로지 달리기만 했다. 하하현夏河縣 전체가 해발 3,000m 이상의 고지대에 있기 때문에 후지산富士山의 정상 부근을 여러 시간 계속 달린 것과 마찬가지였다. 10월 하순의 햇살은 따가웠으나 여기까지 오자 기온도 뚝 떨어져 오리털 잠바 없이는 견딜 수 없었다.

 가는 도중에 나들이 기분으로 점심을 먹으면서 바라본 푸른 하늘과 차가운 공기가 왠지 모르게 좋게 느껴졌다. 점심을 먹은 후 강변으로 내려가 깨끗한 물에 발을 담갔는데 10초도 견딜 수 없었다. 아마도 대하하의 물은 일년 내내 차가울 것이다.

 납복룽사拉卜楞寺가 있는 하하에 도착하자 이곳을 오가는 젊은 라마승들을 볼 수 있었다. 우리들로서는 가깝게 느껴지는 태양과 저 차가운 물로 이들 라마승들은 어릴 적부터 몇 번이나 단련을 반복해 왔던 것일까, 가사에서 노출된 피부는 강철 같은 빛을 발하고 있었다.

 우리 일행은 시가지에 도착하자마자 우선 사원寺院 관리회 주임인 덕왜창활불德娃倉活佛에게 경의를 표하기 위해 방문했다. 활불活佛로 소개되어 무의식중에 저절로 머리가 숙여졌다. 관대한 미소를 머금은 햇볕에 그을린 얼굴이 늠름한 체구에 실려 있었다.

 라마교는 티벳화된 대승불교로 일컬어지고 있다. 불교가 대승과 소승으로 갈라진 것은 지식으로 알고는 있었으나, 덕왜창활불을 가까이에서 보니 큰 배에 탄 것 같은 기분이 되고, 뭔지 모를 심오한 뜻을 얻은 것 같아 신기했다. 이 활불로부터 환영의 의미로 차타니茶谷 선생은 흰 띠를 걸게 되었다. 이 띠는 일설에 의하면 활불로 생각되는 사람에게 주어진다고 한다. 선생은 라싸에서도 받았었는데 라싸에서 받은 것은 관광객이라면 누구라도 받을 수 있다고 하여 엄숙함이 이곳만은 못하다. 어쨌든 이곳 하하夏河에서 차타니 선생도 보증된 활불이 되었던 것이다.

납복룽사라고는 하지만 1동의 사원건축으로만 이루어진 것이 아니고 불전을 연구하거나 독경을 하기 위한 찰창扎倉으로 불리는 경학원군經學院郡, 낭겸囊謙으로 불리는 활불의 사무소公署, 그리고 불전, 불탑, 승려의 주거군과 같이 집합적인 소도시의 양상을 띠고 있었다. 이와 같은 건축군들이 배산임수, 즉 '전방 남쪽에 대하하를 바라보고, 뒤쪽 북쪽 산의 경사면에 기대어 있다.'는 원칙에 따라서 배치되어 있다고는 들었으나 복잡한 배치관계를 처음으로 그것도 짧은 시간 안에 직접 보게 되니 미로라고 밖에 설명할 도리가 없다.

밤에 숙소로 돌아왔을 때 머릿속에 남아 있는 것은 양젖을 바짝 줄여서 만들었다는 강렬한 냄새가 나는 수유등酥油灯에 떠오른 불상군과 강렬한 색채로 그려진 만다라도曼陀羅圖였다.

이것과 또 하나 "과연" 하고 생각한 것이 사원 내 각처에서 볼 수 있었던 마니코루랑嘛呢噶拉廊, 간단히 말하면 마니통(筒)*이었다. 이것은 지름 30㎝, 높이 1.5m 정도의 원통으로 사원건축을 에워싸는 회랑에 수백 개가 줄지어 있었는데, 이것을 신자가 코루코루하고 소리를 내어 돌리면서 걷고 있었다. 이 통 안에는 경문이 한 권 들어있어 한 번 돌리면 안에 있는 경문을 한 번

＊ 마니통(筒). 마니차라고도 한다. 라마교의 경전이 새겨진 원통으로 장난감 정도의 작은 것에서 드럼 정도의 큰 것 등 다양하다. 이것을 손으로 돌리는 것 자체로 경전을 몸으로 이해할 수 있다는 믿음으로 돌린다고 한다.

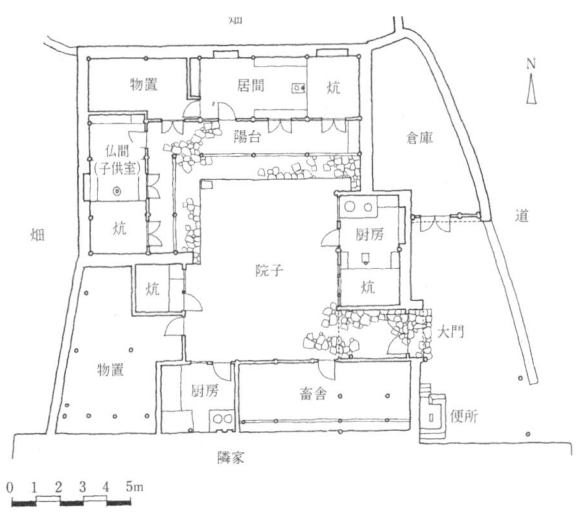

감숙성 하하현夏河縣 구갑향九甲鄕 내주촌來周村 맥주택麥周宅

북쪽 경사면에서 내려다 본 맥주택麥周宅

맥주택 중정. 정면은 주방

읽는 것이 되는 것이다. 나이 든 신자들은 상당한 거리를 걷게 되므로 안성맞춤의 건강법이기도 했다. 참고로 코루란 갓난아기의 "응애 응애" 하는 울음소리의 의성어이다. 그러므로 누구나 반드시 깨끗한 마음으로 이 소리를 듣는다는 것이다.

하하의 일반시민들 주거는 사원 건축과 같이 남으로 내려간 경사면 위에 만들어졌다. 이것은 채광, 배수 등을 고려한 것이라고 한다. 티벳족의 주거 중에서도 이 지방에 있는 주거의 특징은 외관이 완전히 흙으로 만든 것인데 한 발자국 대문 안으로 들어서면 그곳은 나무 구조의 세계라는 것이다. 또한 바깥쪽으로는 전혀 창이 없는 내향적인 중정형 주거이다. 그런데 서티벳 자치구와 사천성四川省(쓰촨성) 부근으로 가면 같은 티벳족의 주거라도 외관은 석조이고 개구부도 있다고 한다. 이곳 하하에서는 다른 지역과는 달리 목재가 귀했고 또한 방한을 위해 바깥쪽을 흙으로 덮었던 것이다.

조사단 일행이 방문한 집은 경사면 아래쪽에서 위쪽을 향해 축사, 창고, 주방, 거실로 서서히 거주공간의 질을 바꾸고 있었다. 거실 내에는 캉炕과 스토브가 설치되고 마루를 포함하여 벽, 천정에 나무판이 풍부하게 사용되어 친근감이 있는 따뜻한 공간을 구성하고 있었다. 우리는 목조로 만들어진 주거이므로 모듈은 없을까 하고 실측한 결과 기둥 사이는 220㎝와 250㎝의 두 종류였다. 일반적으로 티벳족은 손의 폭과 엄지손가락의 길이를 합친 약 23㎝를 1궁도弓都라 하고 이것을 모듈로 삼는다. 그러므로 이곳에서는 10궁도 전후를 기둥 간격으로 사용한 것이다.

　거실 밖으로 나오자 돌을 깐 테라스가 있었다. 테라스의 모퉁이에는 앞서 말한 마니통이 놓여져 있었다. 이것은 다리 힘이 약해진 노약자를 위한 것이라고 했다. 즉 이것 때문에 일부러 사원까지 가지 않아도 되는 것이다. 중정보다 수십 센티미터 정도 높은 테라스에서는 대하하와 그 건너편 산들을 멀리 바라볼 수 있었다.

　오늘날에는 정착한 티벳족도 과거에는 대부분 유목민이었다고 하는데, 그 무렵 먼 곳을 응시했었던 시선은 지금 경사지에 주거를 마련함으로써 오늘날까지도 계속 남아 있는 것처럼 느껴졌다.

《하하夏河 후기》

　요즘 꿈에 나타나는 중국의 맛 가운데 요구르트가 있는데, 하하에서 먹었던 라마승이 손수 만든 양의 요구르트는 특별한 것이었다. 귀국 후 한 통의 편지가 하하에서 날아왔다. 대하하의 수 킬로미터 상류에는 대초원이 있고, 매년 7월이 되면 그곳에는 엄청난 수의 텐트, 장막들이 쳐진다고 하는 것이다. 티벳족의 여름 바캉스 즉 낭산절浪山節이라고 한다. 편지에는 이 사진을 곁들여 "다시 한번 하하로"라는 권유가 적혀있었다. 저 대초원에서 요구르

티벳족의 여름 바캉스의 텐트생활 (촬영 / 常銘)

트를 먹는 것이 나의 다음 목표이다.

야시로 카츄히코 八代克彦

병령사炳靈寺(빙링스) 석굴

난주는 실크로드의 중요한 요충지이다. 그럼에도 불구하고 난주 시가의 북쪽을 서쪽에서 동쪽으로 관통하는 황하에 다리가 놓여진 것은 의외로 늦어진 명대에 가설되었다. 사료에 따르면 명 홍무洪武 3년(1392)과 9년(1376)에 황하 위에 배를 연결한 부교浮橋가 설치되었다고 하는데, 모두 현재 백탑산白塔山 밑에 가설된 철교(중산교)로부터는 서쪽으로 수 킬로미터 떨어진 곳이었다. 이것이 현재의 철교 위치로 옮겨진 것은 그로부터 9년 뒤인 홍무

양의 가죽으로 만든 뗏목. 피파츠皮筏子 (촬영 / 카스테르 백작)

18년(1385)이었다. 이것도 24척의 큰 배를 연결한 부교로서 다리의 양옆에는 각각 작은 누각이 세워져 백탑산을 배후로 난주의 한 경관을 이루었다고 한다. 당시 사람들은 이것을 '천하제일교天下第一橋'라고 불렀다 한다.

명대 이전 실크로드의 여행객은 어떻게 해서든 우회로를 선택하지 않으면 안 되었는데, 그 하나가 난주의 동북 90km의 정원靖遠이고, 또 하나는 난주에서 황하를 100km 거슬러 올라간 영정永靖으로 이곳까지 와서 강을 건너야 했다고 한다.

영정에 있던 다리는 동진東晉(317~420) 시대의 것이라 말하고, 이 다리 근처에 있었던 것이 병령사炳靈寺 석굴이다. 병령사는 서진西秦 건홍建弘 원년(420)에 공사를 시작했다고 하므로 이 다리의 건설을 계기로 사람들의 왕래가 빈번해지고 불교의 설법에 몰두하는 승려와 신자들이 많이 모여들었을 것이다.

1974년 이곳에 중국 최대의 유가협劉家峽 수력발전소가 건설되었고, 이것에 의해 길이 76km에 달하는 가늘고 긴 인공호가 생겼다. 따라서 당시의 다리는 현재 자취도 없다. 병령사 석굴은 이 인공호에서 황하를 수 킬로미터 더 상류로 올라간 북쪽 벼랑에 있다. 수위 관계로 병령사에 배로 겨우 닿을 수 있는 것은 여름뿐이라고 알고 있었는데, 우리가 찾은 것은 10월 하순경으로 접어들 때였다. 운이 좋았던 해였고 또한 그 해의 병령사 관광이 막을 내리기 직전에 이곳까지 온 우리 일행이 관람을 할 수 있어서 더욱 다행이었다. 우리는 이곳의 관광이 끝나가는 때라는 것을 관광객이 드문드문 있는 것으로도 알 수 있었다.

댐의 부두에서 유람선을 타고 병령사까지 가는 데는 3시간이 걸렸다. 가는 도중 우리는 우선 압도적인 대자연의 스케일에 당황하게 되었다. 인공호라고 하지만 강이었다. 농담 같은 말이지만 일본에 온 중국인이 세토나이카이瀨戶內海*를 보고 "일본에도 큰 강이 있군요"라고 말한 적이 있었는데, 이런 것만 보고 자라면 무리도 아닌 것 같았다. 저 멀리 양쪽 기슭에는 붉게 변한 험준한 산들에 의해 병풍 같은 벽이 형성되어 황하의 물 흐름을 막고 있었다. 이제 곧 겨울을 맞을 준비로 푸르름이 전혀 없는 풍경은 적막감보다도 오히려 아름다움을 느끼게 했다. 이런 곳에는 사람이 살지 않을 것 같았지만 병령사에 도착하기까지 여러 개의 취락이 강변에 죽 늘어서 있는 것을 볼 수 있었다. 자세히 살펴보니 맨 꼭대기 능선 위에는 전봇대 같은 것이 서 있었다. 도대체 그들은 이곳에서 어떻게 살아왔을까, 저절로 탄식이 나왔다.

사실 내가 병령사에 도착하기 전 뱃길에서 기대했던 것은 병령사 석굴의 불상군 그 자체가 아니고 황하유역에 사는 사람들이 항상 이용하는 피파츠皮

---

* 세토나이카이. 일본 혼슈本州 서부와 큐슈九州 시코쿠四國에 에워싸인 내해內海

병령사炳靈寺 석굴

筏子라 부르는 뗏목과의 만남이었다. 이것은 양의 껍질을 부레 대신 이용한 것으로 1.5m 사방의 뼈대에 자루를 8~10개 매단 것이다. 육상에서의 운반도 매우 간편해서 이른바 휴대용 나룻배라고도 한다. 황하에 부교가 가설되기 이전부터 이 지방 서민의 교통수단이었고 지금도 그 수는 적지만 아직 남아 있다고 하였다. 그러나 유감스럽게도 유람선을 타고 병령사에 왕복함에 따라 이 피파츠를 볼 기회가 없었다.

참고로 병령사 석굴을 답사할 때 약간 불만이 있었는데, 그것은 병령사 석굴의 선착장에 닿는 순간 카메라를 압수당하고, 또한 견학시간도 1시간이 채 되지 않았다는 것이다. 이것은 이곳을 관리하는 중국측의 억지였고, 또한 사실 나도 이쪽 분야는 연구부족이라고나 할까 이 같은 순수 예술작품을 덮어 놓고 싫어하는 편이어서 어수선한 가운데 선착장을 떠나기도 했다. 이것에 대한 아쉬운 감정의 발로랄까, 일본에 돌아와서는 박물관과 옛 사찰을 방문할 때에는 불상을 주의 깊게 보는 버릇이 생겼다. 개인적으로 중국의 석굴을 보러갈 때에는 반드시 일본에서 그것과 같은 시대의 불상을 예비감상하고 연구하는 것이 보다 잘 감상할 수 있는 방법임을 깨달았다.

야시로 카츄히코 八代克彦

서하西夏(시샤) 왕국을 찾아서
사주沙州(사저우) 돈황敦煌(둔황)

서하 왕국이라고 하면 좀 낯선 왕조이름일지도 모르나 이노우에 야스이 井上靖의 소설 『돈황敦煌』에서 바로 그 돈황을 잿더미로 이르게 한 이원호李元昊가 이끄는 탕구트족 党項族의 국가라고 하면 혹시 아는 분이 많지 않을까 한다.

우리 일행이 돈황을 방문한 1987년 여름에는 마침 중·일 합작영화 "돈황"의 야외촬영이 한창 진행 중이었고 우리가 머무는 호텔에서는 저녁식사 때가 되면 평소 스크린과 텔레비전으로 낯익은 배우들이 인접 테이블에서 더위로 식사를 잘 하지 못하는 우리를 비웃기라도 하듯 무서운 식욕을 과시했던 것이 생각난다. 실로 사막의 군단이었다.

이야기가 옆길로 빠졌지만, 돈황이란 막고굴천불동莫高窟天佛洞이다. 중국의 3대 석굴을 지명도로 말하면 우선 이 돈황 막고굴(모어까오쿠)이 처음으로 머리에 떠오르고, 다음이 운강석굴雲岡石窟(윈강스쿠)(산서성山西省 대동大同(다퉁))과 용문석굴龍門石窟(룽먼스쿠)(하남성河南省 낙양洛陽(뤄양)) 순이다. 그런데 이 3개의 커다란 차이는 무엇이냐 하면 - 사실 나도 현지에 가서 입구의 간판을 본 다음 비로소 깨달은 것이다. - 막고굴은 막고석굴이 아닌 것이다. 즉 운강과 용문이 바위를 뚫어 만든 석조예술인데 비해 막고굴은 이 부근 암토질이 조각에는 너무 부드러워 목조 뼈대를 상像의 한가운데 넣어 진흙으로 덮은 소상塑像예술 또는 벽화예술이라는 데에 있는 것이다. 소설 『돈황』의 주인공 조행덕趙行德 등이 서하 군단에 의해 사주 돈황이 잿더미로 없어지기 전에 몇 만 권이나 되는 불전을 단시간에 감출 수 있었던 것도 연한 토질에 힘입은 바가 컸던 것이다. 지질학적 관점에서도 소설『운강』과『용문』이 아니라 소설『돈황』이 아니면 안 되었던 이유이다.

막고굴에서 건축적으로 가치가 있는 것을 들자면 벽화 중에 그려진 천불동 개착 당시의 건축, 그리고 실제의 건축물로서는 동굴 전면을 보호하고 있는 역할도 담당하고 있는 당, 송대의 목조 돌출 차양 出庇 부분을 들 수 있다. 그러나 중국의 중요 문화재는 일체 촬영금지라는 규율은 여기에서도 적용된다. 카메라는 물론 그것을 숨길 수 있는 가방 종류도 입구에서 압수되기 때문에 우리들로서는 가이드의 안내에 따라서 재빨리 견학을 마칠 수밖에 없었다. 뜨거운 모래바닥의 한복판을 몇 시간이나 눈을 제대로 뜨지도 못하고 숨을 죽이면서 겨우 찾아왔는데 이런 식으로 관람을 마치게 되어 아쉬움과 허탈감이란 이루 말할 수 없었다. 따라서 유명관광지는 충분한 예비조사, 가능하면 그것을 작은 메모 노트에 정리해서 답사해야 한다는 것을 여기서도 충분히 느낀 셈이었다.

우리는 돈황에서도 몇 개의 민가를 견학하였는데 이곳에서도 역시 햇볕에 말린 흙벽돌과 판축版築으로 쌓아올린 담 등, 그 고장의 흙을 사용한 생토건축生土建築이 주류를 차지했다.

중국의 황토고원에서 서쪽과 북쪽의 지역에서는 겨울 난방장치로서 온돌식 침대 캉이 일반적으로 사용되는데 이곳에서는 캉을 매년 다시 만든다고 한다. 그 이유는 앞서 말한 것과 관련이 있는데 이 부근의 흙, 즉 모래흙으로 캉

가욕관 嘉峪關(촬영 / 중국건축학회)

돈황敦煌 막고굴莫高窟 전경

을 만들면 갈라지기 쉽고 그곳에서 연기가 새어 나와 일산화탄소 중독을 일으키게 되기 때문이다. 그래서 안전을 고려하여 매년 새로 만든다는 것이다.

돈황에서 약 1,000km 동쪽에 있는 황토고원의 민가에도 캉이 있는데 한번 만들면 좀처럼 깨지지 않고 따라서 보수할 필요도 별로 없다고 한다. 황토의 입자는 손에 묻혀보면 바삭바삭 소리가 날 정도로 고와서 기밀성에 문제가 없는 것 같았다. 생각해보면 황토란 돈황 부근 사막의 분진이 바람에 날려 쌓인 것이다.

순풍을 받으면서 난주로 향하는 자동차 속에서 바람의 위와 아래의 차이가 주거의 설비장치에도 투영된다는 것에 언뜻 생각이 미쳤다.

• 흥경부興慶府 은천銀川(인촨)

서하의 왕 이원호가 돈황을 함락시킨 뒤 1038년에 흥경, 즉 오늘날의 영하회족寧夏回族(닝샤후이족) 자치구의 은천을 수도로 정하고 나라 이름을 대하大夏로 칭했다. 당시 한족漢族의 왕조 송宋과는 표면상 화평하게 지냈으나 기회만 있으면 국경을 넘어 약탈을 계속하였다. 그로부터 200년 뒤인 1227년에 이 제국도 칭기즈칸에 의해 멸망하였다.

은천을 비롯하여 서하 왕국의 본거지인 영하로 가는 여행길은 혼자였다. 혼자라는 것은 상당히 외롭고, 또한 보고 싶은 건축도 영하에서 상당히 떨어진 외진 곳에 있어서 교통수단이 있는지 조차 알 수 없었다. 그곳에서 나는 우선 난주를 찾았고, 난주인 임진영 선생에게 영하 후이족 자치구 건축설계원 앞으로 된 소개장을 받았다. 이 소개장은 그 뒤 아주 큰 도움이 되었다.

난주에서 아침 8시 33분 출발하는 북경행 열차를 타고 그날 18시 18분에 은천에 도착했다. 영하 제일의 도시라고 하는데 너무 작은 역이어서 약간 실망했다. 임진영 선생으로부터 은천의 중심가(옛 성 舊城)는 역에서 멀다는

은천銀川 북쪽 교외의 해보탑海寶塔 (촬영 / 카스테르 백작)

은천 서쪽 교외의 서하 왕릉. 태릉의 궐대闕台

것, 또 설계원은 중심가에 있다는 것을 미리 들어 알고 있어서 어쨌든 그곳으로 향하는 버스를 탔다. 어디서 내려야 좋을지 전혀 몰라 운전사에게 은천에서 제일 큰 호텔에 내려달라고 부탁했다. 이 도시에서 제일 큰 호텔이라면 지도도 손에 넣을 수 있을 것이고, 또 교통도 편리하리라고 생각한 것이다. 운전사가 내려준 곳은 신화반점新華飯店(신화판디엔)이었다. 확실히 번화한 큰 거리에 면해있었고 교통편도 좋은 것 같은데 신화라는 책방과 같은 이름으로 미루어 이 거리 최고의 숙소로는 생각되지는 않았으나 어쨌든 방을 잡았다. 하룻밤에 7원으로 나는 난주에서 상업 용무로 온 사람과 같은 방을 사용하게 되었다. 그날 밤은 밖에서 저녁 식사를 마치고 이곳에서 구입한 지도로 건설청의 위치를 확인한 다음 10시쯤에 잠자리에 들었다. 저녁에 먹었던 것이 이상했는지 배의 상태가 약간 좋지 않음을 느꼈다.

다음날 아침 건설청을 방문하기에 앞서 북쪽 교외의 해보탑海寶塔*(하이바오타)을 견학했다. 서안의 대안탑大雁塔**(타이엔타)에 비하면 상당히 날씬한 느낌이었고 양파 모양의 뾰족한 끝부분이 후이족回族의 자치구임을 새삼 깨닫게 했다.

오전 10시, 설계원에 도착하였다. 설계원이 있는 방으로 들어가 임진영 선생의 소개장을 직접 보여주었다. 처음에는 수상하다는 듯이 나를 유심히 바라보던 상대방도 소개장을 읽고 난 후에는 완전히 우호적인 태도로 나왔다. 이후 그들은 오전 중에는 시간이 없어 오후에 마중을 나가겠다고 하면서 숙소에서 기다려 달라고 말했다.

---

*해보탑. 은천시의 북쪽 교외에 있어 북탑이라고도 한다. 누각식 벽돌의 11층탑으로, 높이는 53.9m이며, 내부에 나무계단이 있어 9층 까지 올라갈 수 있다.
**대안탑. 서안 남쪽에 위치한 자은사慈恩寺 내에 있는 불탑 중 하나로, 652년에 당 현장玄奬 법사가 인도에서 가져온 불경과 불상을 보존하기 위해 만들어졌다.(704년) 7층의 누각으로 총 높이가 64m이다. 외부는 벽돌로 지어졌고, 내부에는 나선형의 계단이 있어 걸어 올라갈 수가 있다. 각 층의 사방에는 각각 하나의 아치형 문이 있다.

숙소로 돌아오는 도중 신하서점에 들렸는데 운 좋게도 영하 자치구 지도책을 구입했다. 나는 언제나 처음으로 여행하는 도시에서는 반드시 책방에 들러야 한다고 생각하고 있다. 특히 지도는 그 고장이 아니면 확보할 수가 없는 것이 있기 때문에 주의를 요한다. 또한 건축서적이건 무엇이건 눈에 띄었을 때 사지 않으면 뒤에 반드시 후회하게 되기도 한다.

책방에서 나오자 아무래도 배의 상태가 매우 안 좋아졌음을 느꼈다. 속이 좋지 않아 얼떨결에 근처 공중화장실로 달려갔다. 오전 중에 거리를 한바퀴 돌아보고 느낀점은, 은천은 공중화장실이 많고 또한 건조한 때문인지 서안과 같이 냄새가 없는 것이 무엇보다도 다행이었다. "니하오" 화장실도 상당히 오랜만이었는데 뒤이어 들어온 노인의 웅크린 모습이 야구의 포수와 같이 낮게 웅크려 글러브를 내미는 대신에 양손으로 머리를 감싸고 무엇인가 사색하는 듯한 모습이었다. 그건 그렇고 화장실의 청결함과 조용함은 이곳 은천이 제일이었다.

점심은 요구르트 한 개로 해결하였다. 오전 중 4시간 남짓 걸어 다녀서인지 숙소로 돌아오자마자 피곤해서 침대에 큰 '大' 자로 눕고 말았다.

3시 30분, 방문을 두드리는 소리에 잠이 깨었다. 영하 건축학회의 곽부국霍富國 선생을 비롯해서 영하성향寧夏城鄉 건설청의 평덕인平德仁 선생, 왕신무王辛武 선생 등 세분이 일부러 마중을 온 것이었다.

다시 설계원으로 되돌아가 내가 영하를 방문한 것은 야오동 및 생토건축生土建築의 조사가 목적임을 말하고 그것들은 어디에 가야 볼 수 있는지 물었다. 이에 대하여 세 사람 가운데 가장 젊은 왕신무 선생이 "영하각류생토건축분포도寧夏各類生土建築分布圖"를 꺼내어 친절하게 설명해 주었다. 그 설명에 의하면 영하의 주택유형과 그 분포는 크게 넷으로 나뉘는데, 하나는 북부 황하유역에서 파라垇拉로 불리는 것으로 직접 지면에서 잘라낸 자연

고원칠영향固原七營鄕의 대보자大堡子에 사는 대가족

건조된 흙벽돌을 벽재로 사용하는 평지붕의 흙과 목재를 혼용한 구조의 주택이다. 둘째는 남동부에서 야오동과 일반 흙벽돌을 사용한 볼트모양의 주택이다. 야오동은 대부분이 절벽에 직접 횡혈을 뚫은 고애식이고, 지하에 중정을 마련한 하침식下沈式은 섬서성陝西省과의 경계에서 일부 볼 수 있을 뿐이다. 세 번째는 볼트모양의 야오동 지붕을 한쪽으로 흐르게 한 기와지붕으로 된 것으로 남서부에서 볼 수 있다. 네 번째는 영하 최남단부로 비교적 비가 많아 세 번째 유형의 지붕이 맞배지붕으로 된 것들이다. 또 사용 목재의 양은 남쪽으로 내려감에 따라 많아진다고 한다.

후이족回族과 한족漢族의 주택에서 다른 점이 있느냐는 물음에 대해서는 후이족의 주택에서는 캉을 이슬람의 성지 메카쪽, 즉 서쪽으로 배치하고 캉위에서 서쪽을 향해 예배하는 것이고, 또 한족 주택에 비해 각 방의 독립성이 강하며, 야오동뿐만 아니라 지상주택에서도 방과 방 사이를 연결하는 것이 그다지 발달되어 있지 않다고 한다. 색상은 녹색을 기조로 하며, 출입구와 창의 상부를 수평이 아닌 아치로 하는 것도 후이족 주택의 특징이라고 한다. 그밖에 영하 특유의 건축유형으로서 1층을 창고, 2층을 주거로 하는 고방자高房子(카오판츠)와 요새 형식의 대집합 주택인 대보자大堡子(따파오츠)가 남부 건조지대에 있다는 것이었다.

또한 영하 지구 주거환경 개량의 일환으로서 태양열 집열기를 보급 중이라고 했다. 이것은 우산보다 조금 큰 포물선 모양의 것으로 우산의 손잡이 부분을 태양의 방향으로 향하게 하고 그곳에 물이 든 용기를 놓아 태양빛을 모음으로써 물을 끓인다고 한다. 가격은 약 30~40원으로 적당해서 상당히 호응이 좋다고 한다.

나로서는 욕심을 부려 전부를 조사하고 싶었지만 학회에서 조사가 가능한 것은 동심同心과 고원固原뿐이라고 하여 어쩔 수 없이 이것만을 보게 되었다.

이상과 같은 절충을 거쳐 마침내 조사가 시작되었는데 동심, 고원 모두 버스정류소로 현지의 건설국 직원이 마중을 나오는 특별 대접을 받아서 새삼 임진영 선생의 유명세를 느낄 수 있었다. 다만 고원에서 마중 나온 분의 손에서 "일본유학생 환영"이라고 쓰인 플래카드가 있어서 나도 모르게 쓴웃음이 나왔다. 나 혼자 온 것에 대한 미안한 생각이 들었기 때문이었다.

영하 후이족 자치구에서의 조사여행에서 생토건축 외에 기억에 남는 것은 은천의 서하 왕릉, 동심의 청진사淸眞寺(칭젠스), 고원의 수미산須彌山 석굴, 그리고 중위中衛의 고묘高廟이다. 이 가운데 서하 왕릉과 수미산 석굴은 일반인에게는 공개되지 않는 곳이었는데 학회의 호의에 의해 특별히 견학이 허락된 곳이었다.

서하의 황릉皇陵 9기 및 배가묘陪家墓 148기 가운데 내가 견학한 곳은 이

영하 최대의 청진사 (이슬람사원). 동심청진대사同心淸眞大寺

원호李元昊의 13호 묘 태릉泰陵이었다. 황릉皇陵은 모두 하남성河南省(허난성) 공현鞏縣(궁셴)의 송대 능을 모방한 좌우대칭의 평면배치로 알려져 있는데, 태릉에서는 문화적으로 큰 영향을 받지 않을 수 없었던 한漢 문화에 대한 탕구트족의 약간의 반항을 엿볼 수 있었다. 그것은 분묘의 배치관계였는데 남으로 신도神道, 신문神門, 헌대獻台, 묘도墓道, 분묘墳墓, 신문神門과 일직선으로 배치되어 있는 것처럼 보이는데, 사실 분묘만은 일직선상에 놓여있지 않고 약간 서쪽으로 벗어나 있다. 이것은 서하릉 관리소의 주배동周培棟 선생의 설명에 의하면 탕구트족의 고향 청해靑海(칭하이)지방을 사모한데 따른 것이라고 한다. 그리고 신도의 좌우에는 각기 궐대闕台*가 배치되어 있는데 이것도 서쪽의 것이 약간 크다.

---

*궐대. 궁궐, 성곽 등에 있어 출입구의 좌우 모퉁이에 망루와 같은 높은 대를 세운 것을 말한다.

주배동 선생의 설명에 따르면 서하 왕국의 연구, 그 중에서도 서하 문자 연구는 중국 이외에는 일본의 연구가 특히 뛰어나다고 한다. 어쨌든 서하도, 일본도 한족漢族이 낳은 문화에서 많은 영향을 받으면서 그것에 흡수되지 않으려고 몸부림친 민족이라고 하지 않을 수 없다. 이와 같은 문화적 공통점이 일본인들 연구의욕의 의식 밑에 흐르고 있는지도 모른다.

야시로 카츄히코 八代克彦

농동 隴東 으로의 여행

중국 대륙의 지도를 보면 감숙성甘肅省(간쑤성)의 동부에 영하 후이족 자치구와 섬서성陝西省(산시성)의 사이가 좁아져서 지금이라도 서로 분리될 것처럼 보이는 지역이 있다. 행정적으로는 경양지구慶陽地區, 평량지구平凉地區로 일컬어지는 이 지역은 60만㎢나 되는 황토고원의 서부에 해당한다. 그 잘록한 부분을 남북으로 달리는 육반산六盤山(농산 隴山)의 동쪽에 위치하는 곳에서부터 농동지구, 또는 농동고원이라고도 한다.

'원 塬'으로 불리는 고원지대가 특징적인 이 일대는 해발 1,200m 전후로 황토층이 두텁고 토양도 비옥하며, 밀밭이 주변 일대에 퍼져 있는 농촌지대로 소박하고 아름다운 모습의 황토 야오동이 전역에 분포하고 있다.

중 · 일간의 왕래가 겨우 정상궤도에 오르기 시작한 1981년 8월, 농동지구에 들어간 우리들 제1차 야오동 조사단은 이 지역을 방문한 40년 만의 첫 외국인이 되어 환영을 받았다. 관민일체의 열렬한 환영에 부끄럽기도 하고 기쁘기도 했는데, 익숙하지 못한 귀족적인 체험과 대륙적인 여유에 어리둥절해하면서 수행했던 야오동 조사는 잊을 수 없는 경험이었다. 그 뒤 3차인

1984년, 4차인 1985년에 계속 방문하여 봄을 맞은 웅대한 황토고원의 아름다움과 속세를 떠난 별천지, 이른바 도원경과 같은 야오동 취락에 점점 매료되어 갔다.

난주에서 비행기를 이용한 농동행은 첫 중국 여행의 긴장 탓인지, 소망했던 야오동 조사를 목전에 둔 흥분에서인지 탑승대합실에서부터 해프닝이 있었다. 단장인 차타니茶谷 선생이 헬기나 경비행기를 전세 낼 수 있는 큰 돈인 100만 엔이 넘는 돈을 우의반점友誼飯店의 베개 밑에 두고 나왔다는 것이었다. 중국 돈으로 환산하면 일생 놀면서 생활할 수 있을 정도의 금액이었다. 즉시 북경에서 동행한 통역을 통해 서둘러 반점에 전화를 걸었고, 다행히 무사히 보관되어 있음을 확인하였으나 공항까지는 차로 2시간, 출발시간까지는 도저히 시간 안에 도착할 수가 없었다. 여러 모로 궁리한 끝에 난주에서 일을 하는 조씨(통역인)의 아들이 4일 후 서안으로 가는 우리와 때를 맞추어 난주로부터의 현금수송을 해주기로 함으로써 일단 해결되었다. 그런데 뜻밖에도 이번에는 이 소동에 전혀 가담하지 않았던 일행 중 한 사람이 갑자기 온 몸에 열이 났다. 공항 내 여의사의 진단으로는 감기라고 했다. 39℃의 열로 인해 해열제를 먹고 엉덩이에 주사를 맞고 나서, 자신도 꼭 참가해야겠다고 하여 전원 비행기에 탑승하게 되었다.

우리 일행이 탄 비행기는 쌍발 터보프롭 48인승 소련제 안토노프(Antonov) 24로 비행기 동체 주요 날개의 낡은 곳을 덧대고 용접한 부분이 쉽게 눈에 띄었는데, 소련과의 국교가 끊긴 지 오래임을 생각나게 했다. 그러고 보면 이듬해 야오동 조사로 연안延安에 갔을 때에도 비행 중이던 안토노프에서 엔진 덮개의 일부가 떨어져 나간 것을 동료인 미국인 셸리 양이 발견하고 이 비행기 순수부품의 사용률을 화제로 삼은 적이 있었다. 어쨌든 우리 일행은 이 비행기가 무사히 날기를, 아니 비행해 주길 바랄 뿐이었다.

서봉진西峰鎭 서대가西大街의 고애식 야오동

로프를 이용한 중정 촬영

야오동 내부. 창밑에 캉이 보인다.

이륙한 지 얼마 안 되어 머리 위의 화물칸 밑의 틈새에서 갑자기 흰 연기를 내뿜어 순식간에 기내에 가득 차게 되었다. "일본 야오동 조사단 황토고원에서 추락하다." 인민일보의 내일 신문 기사가 순간 뇌리를 스치고 지나가고, 심장이 크게 뛰는 것을 느꼈으나 태연하게 앉아 있는 주위의 중국인 승객을 보고 약간 평온을 되찾았다. 얼마 안 있어 흰 연기가 사라지자 이번에는 장소를 가리지 않고 물방울이 뚝뚝 떨어졌다. 우리 일행은 비로소 이해가 되었다. 이러한 일들은 냉방이 안 되는 사우나 같은 기내에서 상공의 외기를 받아들이기 위한 순간의 결로현상이었던 것이었다. 덕분에 우리는 등골이 서늘해 졌다.

난주를 출발한 지 1시간 정도 지나자 경양지구의 정치, 경제, 문화의 중심인 서봉진西峰鎭(현 서봉시西峰市) 근처를 비행하게 되었는데, 아래를 내려다보자 황토고원 특유의 등고선을 따라 계단식 언덕과 높은 지대 주변의 충구沖溝로 일컬어지는 침식애지侵蝕崖地의 지형이 보였다. 미개방 지구이기 때문에 상공에서의 사진촬영이 금지되어 있는 것은 알고 있었으나 무리인줄 알면서 부탁을 하였고, 가까스로 기장의 허가를 얻어 착륙할 때까지 몇 분 동안 우리는 처음 보는 야오동에 정신없이 카메라 셔터를 눌러댔다. 평탄한 원 위에 네모진 중정을 뚫어놓은 하침식과 충구를 따라 절벽면에 횡혈을 뚫은 고애식이 혼재한 취락은 우리가 자주 실습하는 코르크로 만든 건축 모형을 보는 것 같았다.

야오동 주거는 크게 나누면 이 두 가지 형식인데, 지상에 벽돌과 돌을 사용하여 야오동과 똑같은 형식으로 볼트모양의 공간을 만드는 지상 야오동으로 불리는 것도 있다. 주로 산서성山西省(산시성)과 섬서성陝西省(산시성) 북부에 많이 분포하는데 혈거穴居나 지하 건축과 같은 이미지는 별로 없다.

두 대의 차에 나눠 탄 우리들은 공안의 차량으로 에스코트를 받으면서 마치 요인 경호와 같은 대열로 시내에 들어갔다. 숙소로 정해진 서봉진 제일 초대소 앞에는 외국의 요인(?)을 한번 보려고 모여든 많은 군중들이 공안의 제지에도 무릅쓰고 신기한 듯 우리들을 쳐다보고 있었다. 지나치게 호기심 어린 눈으로 쳐다보고 있는 그들을 보고 왠지 미안한 기분이 들어 문 안으로 들어가자마자 빠르게 건물 뒤쪽으로 돌아 이들에게서 멀리 벗어났다. 우리 일행의 숙소는 대지의 제일 깊숙한 곳에 있는 2층 건물로 욕실과 샤워의 설비는 없었고, 화장실은 옥외의 "니하오" 화장실이었다. 처음 맞이하는 외국인 손님에게 약간 신상한 종업원 아가씨들은 흰 모자에 흰 상갑, 그리고 청결감이 넘치는 옷차림을 하고 있었다. 우리 일행은 우선 심한 감기에 걸린 단원을 대기하고 있던 여의사의 진찰을 받게 하고 눕혔다. 40℃에 이른 환자에게 절대안정이라는 중국 변경의 의료체제가 약간 염려는 되었지만, 로마에 가서는 로마법을 따르라는 말처럼 4,000년 이래의 한방 의학을 믿을 수밖에 없었다.

우리는 강제적이라고도 할 수 있는 낮잠 뒤에 근처의 서대가西大街로 대망의 야오동 조사를 나섰다. 처음으로 찾은 이씨 주택李宅은 동서를 꿰뚫은 너비 10m 정도의 도로를 중앙으로 10여 호의 고애식 야오동의 주거가 양쪽으로 연속한 곳의 한 구석에 있었다. 이곳은 남쪽으로 면한 절벽에 뚫린 3개의 야오동 전면을 벽돌조의 가옥과 흙담으로 둘러싼 중정형의 주거였다. 약간 어두운 야오동 내부는 너비 3m, 깊이 5~8m, 천정높이 3m의 첨두형 볼트 모양이었고, 입구 가까이에는 이 지역의 겨울 추위를 지내기 위해 마련된 아궁이의 남은 열을 이용하는 캉이 있었다. 겨울에 따스하고 여름에 시원한 야오동은 이 무렵에는 확실히 시원하지만, 그곳은 땅속이어서 여름의 습도는 의외로 높고 실제로 10분만 움직여도 땀이 흐른다. 처음 우리를 맞이하기 위한 실내장식으로만 생각되었던 야오동 내벽의 신문지 마감은 실제로 흙벽의 습기를 막기 위한 것이기도 했다.

　떼를 지어 모여드는 아이들을 돌려보내면서 실측한 후에 취락 전체를 바라보려고 절벽 위의 크고 작은 벽돌로 만들어진 가옥이 늘어선 평탄지로 올라갔는데 이상하게도 야오동이 있는 이 한 구역만이 6m 정도 움푹 파여 부자연스러운 지형을 보이고 있었다. 들리는 말로는 이 부근이 옛날에는 하침식의 야오동 취락이었다는 것이었다. 다시 말해서 현재 남아있는 야오동을 중심으로 맞은편의 야오동이 있었던 토층을 깎아 도로를 만들고, ㄷ자로 붙은 양옆 야오동의 흙도 제거되어 고애식 취락의 양상이 된 것이다. 야오동 취락 변천과정의 한 예를 보는 듯했다.

　이것과는 반대로 주위의 주거 밀집지역보다 몇 미터 높은 평탄지에 지갱원地坑院으로 불리는 하침식 야오동 주거 중정의 구멍이 규칙적으로 5개가 늘어선 서대가西大街 92호는 높은 지대의 남쪽 및 서쪽이 깎여서 생긴 절벽에 야오동을 뚫었던 흔적 등이 있는 것으로 보아 한때 이 부근 전체가 야오동 주거이었던 것으로 생각되었다. 아무것도 없는 높은 지대에 수십 개의 지갱원이 정연하게 늘어선 취락은 확실히 장관이었음에 틀림없다.

　어쨌든 눈앞에서 본 하침식 야오동 주거의 인상은 강렬했다. 중정 바로 앞까지 접근해야 겨우 사람의 주거로 알 수 있는 불가사의도 그렇지만, 구멍을 파는 것만으로 공간을 만들어 내는 야오동은 기둥을 세우고 벽을 구축하는, 우리가 일반적으로 알고 있는 건축행위와는 반대방향의 공간구성 방법이었다. 이것도 건축인가 하는 그런 의문도 생겼다. 일단 하침식의 중정으로 내려서면 그 평면구성과 주거방법은 한민족의 대표적인 전통적 주거형식인 사합원四合院과 비슷하고, 중정에서 올려다보면 천정이 푸른 하늘이기에 별칭인 천정원식天井院式 야오동에도 수긍이 갔다. 그러나 같은 에워싸인 공간이라고는 하지만 지상의 외부와 시각적으로 연결되는 하침식 중정은 위에서

황토지대의 굴삭도구(위) 및 목수도구(아래)　　　기원전부터 전해오는 판축구법版築構法. 서봉진西峰鎭

둥글게 보여 심리적인 개방감은 상당히 다른 것으로 생각되었다. 어느새 천정원의 주위에는 많은 사람이 몰려들었고, 깊은 중정의 바닥에서 줄자를 가지고 서성이는 손님의 관심을 끌고 있는 팬더곰에게 뜨거운 시선이 집중되어 있었다.

야오동 조사로 몰두한 3일간은 매일 밤거리의 공중목욕탕을 이용했다. 걸어서 5분도 채 안 걸리는 거리를 때때로 공안 차의 안내로 고급차인 상해上海(상하이)를 타고 갔다.

참다운 중·일 교류는 무엇보다도 일반 주민과 알몸으로 교제하는 것이라고 생각하고 갔지만, 이런 우리의 생각과는 정반대로 공중목욕탕 안은 텅 비어 있었는데, 이것은 우리 조사 일행 6명을 위해 공중목욕탕의 종업원 이외에는 모두 못 들어오게 한 것이었다. 이러한 조치가 민중을 기반으로 한다는 사회주의 권력이 할 짓인가? 밖에서 우리 일행이 나오기를 기다리는 그들

평량 지구 영대靈台의 하침식 야오동   서봉진 하침식 야오동에서의 숙박 체험

의 기분을 생각하니 지나친 중국 공안의 경비에 분노를 느끼지 않을 수 없었다. 이러한 지나친 조치는 또 있었는데, 지방판 경극京劇이라고도 할 수 있는 농동지구의 전통 예능인 '농극'을 관람한 밤의 일로 극장 주위에 동원된 많은 군중들의 환영을 받으면서 겨우 장내에 들어서자 가득 찬 관객과 출연자 일동이 정렬하여 우리 일행을 열렬히 환영했다. 중국 당국의 연출로 알고 있어 나쁜 기분은 아니었지만 민중의 생각이 과연 어떨지는 마음에 걸렸다.

서봉진을 떠나는 날에 겨우 건강을 회복한 조사단원은 나머지 일행들이 경험한 귀족(?)체험도 맛보지 못한 채 20여 대의 주사로 부어오른 엉덩이에 얼굴을 일그러트리면서 서안西安(시안)까지 6시간을 갔다. 그러나 결국 그 단원은 농동에 있으면서 야오동을 보지 못하고 말았다.

인민공사가 폐지되고 농촌의 생산체제가 크게 변화해가는 시기이기도 했던 3년 뒤, 서봉진西峰嶺도 예상외로 모습이 많이 변했다. 변함없이 미개방지

영현寧縣의 공사 중인 하침식 야오동

였으나 거리를 자유롭게 산책할 수 있었고 공안의 안내도 따라 붙지 않았다. 숙소에도 화장실과 욕탕의 부대시설이 갖추어졌고, 식사도 상당히 세련되어 있었다. 주민들의 반응도 주위의 눈을 의식했던 이전과는 달리 적극적이고 자신에 차 있는 듯이 활기가 있었다. 중국 정부의 현대화 정책의 영향은 의외로 빨리 나타나고 있었다.

    이런 현대화의 덕분인지 우리들의 소원인 하침식 야오동 주거에서 숙박하게 되었다. 봄날의 천둥 우레를 동반한 저녁에 천정에서 새는 빗물로 인해 경사로와 중정의 배수처리에 있어서 야오동 주거의 성능을 보게 되었고, 일시적인 강우에는 야오동 주거의 기능에 있어 아무런 문제가 없다는 것을 알게 되었다. 사실 나는 이제까지 고애식의 야오동 주거에는 숙박한 일도 있었는데 그곳에서는 상상 이상으로 땅속의 습기를 체험했었다. 이불은 습기를 빨아들여 흠뻑 젖어 있었고 전磚(구운 벽돌)으로 마무리 된 야오동의 모든 내벽은 이슬이 맺혀 있었다. 이러한 나의 경험으로 인해 이 시기에는 아무리 건조하다고 하더라도, 또한 이런 날씨 상태에서는 어느 정도의 습기는 각오해야 한다고 생각하고 있었으나 신문지로 마감한 야오동은 생각보다 상쾌하고 아무런 불쾌감도 없었다. 또한 비가 개인 뒤의 추위에 숯불을 지핀 캉은 기분 좋게 대지 속의 고요함과 어우러져 우리는 평온하게 잠에 빠져들 수 있었다.

이번 해의 조사에서는 소원했던 하침식 야오동 취락의 공중촬영에도 처음으로 성공했다. 사진은 연을 사용한 와이드 포토그래픽이었다. 야오동 연구의 계기가 된 B. 루도프스키의 『건축가 없는 건축』에 실린 야오동 취락의 사진이 특이한 지하주거 취락의 경관을 남김없이 전하는 공중촬영 사진이어서 우리 조사단도 그것에 뒤지지 않으려고 공중촬영에 시행착오를 반복해온 것이었다. 그 경위와 방법은 야오동 조사단 저술의 『살아있는 지하주거』(창국사彰國社)에 자세하게 설명되어 있다.

이듬해 봄, 우리는 평량平凉지구에 주된 목표를 두었던 제4차 조사로 인해 또다시 40년 만에 찾은 외국인이 되었다.

나카자와 토시아키 中澤敏彰

Chinese
Architecture

3

중원中原 탐방

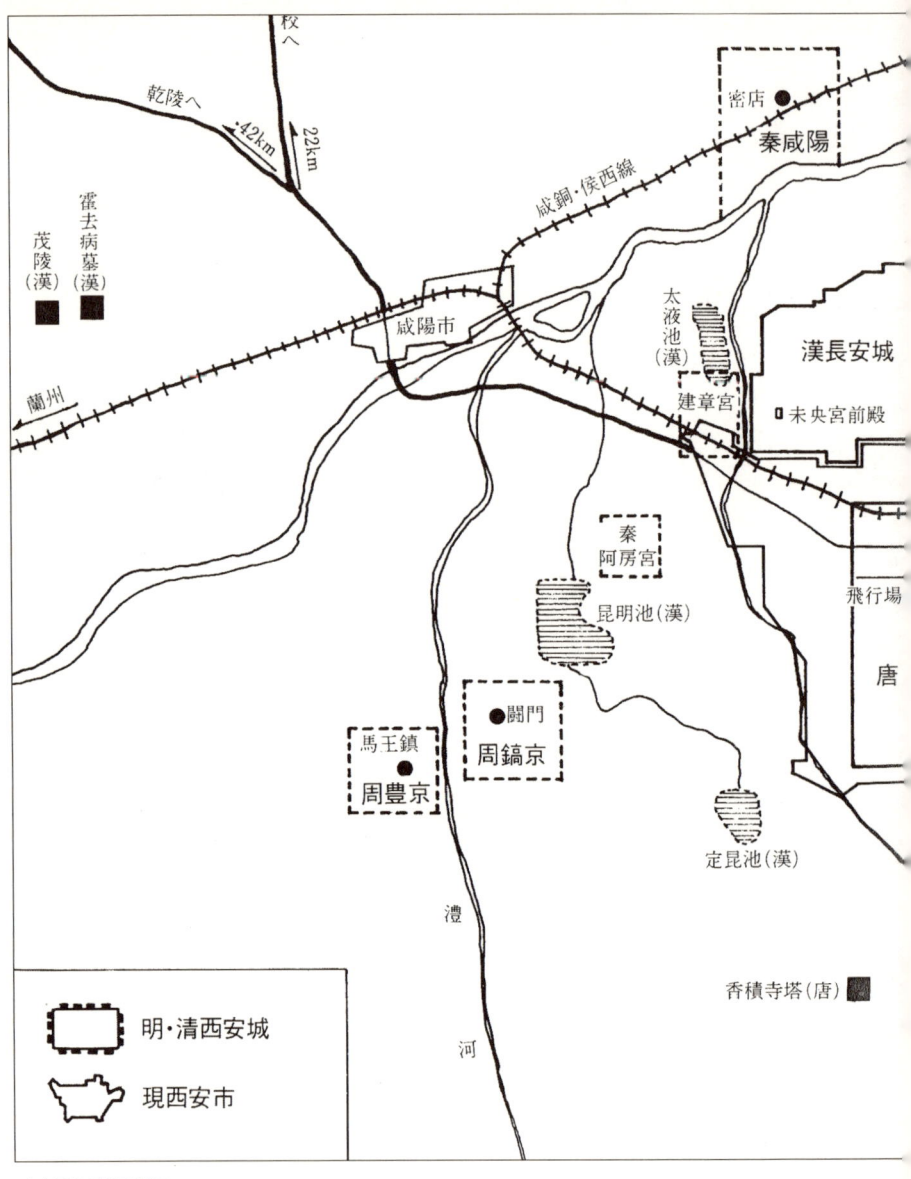

서안 도성 위치 변천도

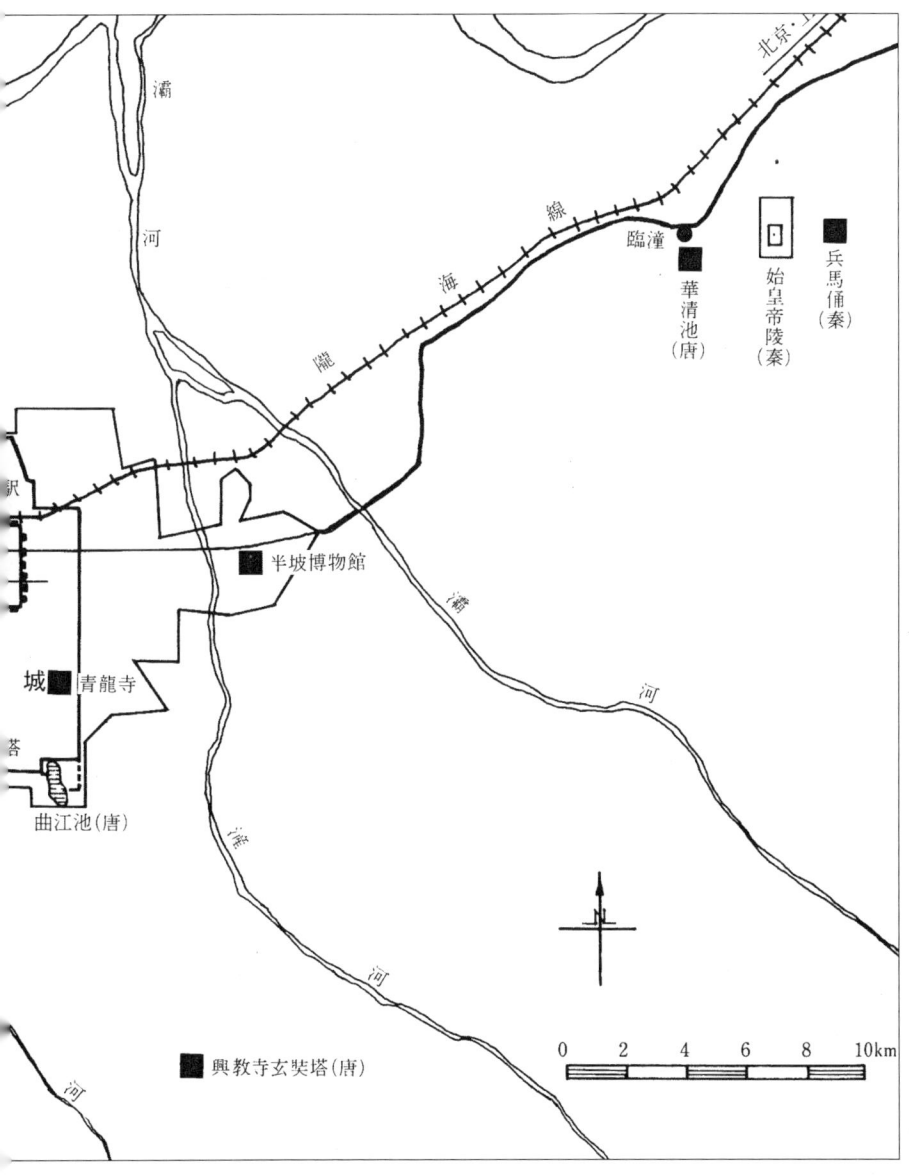

고도古都 서안西安(시안)

　서안이라고 하면 일본에 있어서는 헤이죠쿄平城京, 헤이안쿄平安京가 모범으로 삼았던 당의 도읍 장안長安, 그리고 실크로드의 기점이라는 점도 있고 또한 중국의 여러 도시 가운데서도 특히 친근감이 있는 로맨틱한 도시가 아닐까 한다. 나는 그 서안에 1986년부터 2년간 유학의 기회를 얻었다. 나에게 있어 제2의 고향이라고도 할 수 있는 서안의 길모퉁이와 교외의 건축물을 당시의 기억을 더듬으면서 산책하려고 한다.

　만일 지금 서안의 건축답사를 한다면 우선 이 눈으로 확인하고 싶은 것은

1. 건릉乾陵(첸링)의 남쪽 기슭에 있는 야오동 취락
2. 고루鼓樓* 부근의 시가지
3. 서안역

이 정도가 아닐까 한다.

　물론 이것은 다른 사람들에게도 권하고 싶다. 실제로 나의 유학 생활 중에 일본의 어느 대 건설회사의 중역이 내가 다니던 학교인 '서안야금西安冶金 건축학원'을 방문했을 때, 학교 측으로부터 "너의 나라 사람을 손님으로 초대했는데 어디로 안내하면 좋은가? 그 분은 웬만한 서안 관광은 끝냈다고 한다. 그리고 시간이 있으면 자네도 함께 가지 않겠나?"라는 말을 들었다. 당시 남아도는 시간 때문에 온몸의 근육이 이완되어 가고 있던 나는 앞서 예시한 한 두 곳을 안내하였는데 그분이 의외로 만족하였던 것을 지금도 기억하고 있다.

　가이드북에서 서안의 페이지를 열어 보면 볼 만한 건축으로 성벽(명~청)

---

* 고루. 큰북을 달아 놓은 누각으로, 일반적으로 종루와 마주 서있고 금당金堂, 강당講堂의 앞 좌우에 서있다. 종루는 동쪽, 고루는 서쪽에 위치한다.

의 안쪽으로는 시가지 중심에 세워져 있는 서안의 상징인 종루, 남쪽 성벽을 따라서 비림碑林(뻬이린, 섬서성陝西省(산시성) 박물관)이 있다. 성 바깥쪽으로는 대안탑大雁塔(타이옌타), 소안탑小雁塔(샤오옌타), 그리고 일본인에게 있어서는 쿠우카이空海*와 인연이 있는 청룡사青龍寺(칭롱스) 등이 있다. 또한 근교에는 동쪽으로 말하면 북경의 장성長成과 함께 평가되는 중국 관광에서 관심의 대상이 되는 병마용갱兵馬俑坑(핑마용콩), 현종 황제와 양귀비로 유명한 화청지華淸池(화칭츠), 6,000년 전 인류의 촌락 반파유적半坡遺跡 등이 있다. 그리고 서쪽으로 눈을 돌리면 역대 황제의 능묘가 한데 모여 있고, 한 무제 무능茂陵과 그 옆에 더하여 명장 곽거병의 묘, 그리고 소능昭陵, 건릉乾陵을 비롯한 당의 역대 황제 능과 그 배장묘군陪葬墓群 등이 있다. 게다가 서안 남쪽 교외에는 …… 하고 계속 서술하게 되면 한도 끝도 없다.

요컨대 서안은 건축, 고고학, 역사와 같은 모든 분야의 보고寶庫이다. 무엇이건 찾을 때마다 새로이 발견하는 게 있어 흥미가 끊이지 않는다. 또 건축을 배우는 사람으로서는 반드시 보아야 할 것들이다.

십수 년 전 그럭저럭 대학에서 건축을 배우기 시작할 무렵 건축의장 시간에 나와 동기가 담당교수에게 "교수님이 보시기에 도대체 좋은 건축이란 무엇입니까?" 하고 얼굴은 진지하였지만 마치 수학의 해법을 묻는 듯한 어조로 질문했던 바, 스승은 조금도 주저함이 없이 웃음 띤 얼굴로 "그것은 자네에게 있어 좋아하는 타입의 여성과 같이 한 번 더 만나고 싶다거나, 몇 번이고 함께 걸어도 질리지 않는다거나 하는 그런 것이 아닐까." 하고 두 마디가 필요 없는 대답을 들었던 것을 기억하고 있다.

---

* 쿠우카이. 헤이안平安시대 초기의 승려로 일본 진언종眞言宗의 시조이다.

건릉묘도乾陵墓道 유두산乳頭山이 보인다.

서론이 길어졌는데 앞에서 말한 세 개의 건축이나 세 곳의 장소는 그 스승의 말을 따른다면 서안에서 당장이라도 만나고 싶은 건축이고 당연히 이하의 내용은 러브레터라고 할까, 자신의 연인을 공개하는 것 같아 어느 정도 신경이 쓰인다.

• 건릉乾陵(첸링) 남쪽 기슭의 야오동 취락

뭐라고 말해도 나의 유학 목적은 야오동 조사였다. 처음으로 이 취락을 보게 된 것은 1983년 1월이었고, 이때는 야오동 조사단의 일원으로서였다. 귀국한 후 야오동에 대한 아쉬움을 잊지 못해 그해 여름에 혼자 서안으로 가서 영태공주묘永泰公主墓(용타이궁주먀오)가 있는 건릉박물관의 한 방에 묵으면서 몇 주간을 계속 야오동을 보러 다녔고, 그로부터 그럭저럭 8년여의 세월이 흘렀다. 그러나 야오동에 대한 관심은 점점 더해갈 뿐이다.

이 취락은 건릉박물관에서 걸어서 10분 정도, 의덕태자묘懿德太子墓의 정남쪽으로 수십 미터 되는 곳에 있다. 당 3대 황제 고종高宗과 그의 아내 측천무후則天武后를 합장한 건릉은 물론, 그 남서 기슭에 위치한 영태공주묘는 서안을 패키지여행으로 찾게 되면 싫어도 끌려가 박물관 내의 식당에서 식사대접을 받게 되는 명소로 언제나 외국인 관광객으로 몹시 붐빈다. 그러나 이 부근의 야오동 주거는 관광객의 눈에 띄는 일은 좀처럼 없다. 왜냐하면 이 주거는 모두 지중, 그것도 지하에 있기 때문이다.

그러면 이 야오동이 왜 그토록 매력적인가? 이 질문은 일본에 있을 때나 중국에서 만나는 사람마다, 때로는 그곳에 사는 주민들로부터도 받게 된다. 또 건축을 공부하는 중국인 학생으로부터 "일본에는 여러 가지 연구할 만한 건축유형들이 많이 있는데 어째서 또 중국의 야오동인가?" 하고 물어오면 더욱더 대답하기가 어려워진다. 야오동의 훌륭함에 대한 설명은 아무리 해도 부족하지만, 유명 건축가의 이름으로 비유해서 말하면 일본에서는 유명한 안도 다다오安藤忠雄의 이름이 중국에서는 그다지 알려지지 않은 것과 같은 이유이다.

개인적인 해석이지만 야오동, 그것도 지하에 묻힌 하침식 야오동은 일본의 도시주택문제를 해결하는 하나의 키워드와 같은 생각이 든다. 이러한 생각은 귀국한 후 아파트의 창문을 열고 불과 수십 센티미터 건너에 있는 이웃집의 세탁물이 바로 눈앞에 보여질 때 느꼈던 일이다. 도시에서 창이란 이름뿐이고 실제로는 창을 전부 열어 사람의 눈을 의식하지 않고 느긋하게 휴식을 취하는 등의 경우는 바랄 수가 없다. 이렇게 되면 각 주거 사이의 약간의 간격은 심리적으로는 없는 것이나 마찬가지고, 그곳에는 흙이 충전되어 있는 것과 같다. 이와 같은 상상을 머릿속으로 생각하면서 도쿄의 거리를 내려다보면 도시 전체가 흙에 묻힌 하침식 야오동 취락의 양상으로 보이는 것

건릉 남쪽 기슭의 하침식 야오동

이다. 하침식 야오동은 중정이라고 하는 네모진 마당이 하늘로 향해 열려져 있어 신선한 공기를 심호흡할 수 있는데, 도쿄의 경우는 창을 닫으면 질식 상태로 빠지게 된다. 이렇게 생각해보면 안도의 데뷔작인 「스미요시住吉의 나가야*長屋」는 야오동이 황토, 스미요시가 콘크리트라는 단일재료를 사용한 중정 주거인 점에서 도시에 뚫린 하침식 야오동으로 보인다. 일본의 땅값이 하루가 다르게 계속 폭등하고 있는 것을 보면 야오동의 지하 주거에 대한 발상이 요즘 뇌리에 떠오른다.

---

* 나가야. 칸을 막아서 여러 가구가 살 수 있게 만든 횡으로 길게 연립한 주택을 의미한다. 스미요시에 위치한 안도의 아즈마 주택은 폭 3.3m, 길이 14.1m의 직사각형 주택이다. 도로와 한 면(3.3m)이 접하고 나머지 면들은 주변의 목조주택과 18cm를 떨어뜨려 건립되었다. 도로와 면한 부분은 사생활 침해를 방지하기 위해 출입구만 설치되었고, 나머지 면은 환기만을 위한 작은 창호가 바닥과 맞닿으며 형성되었다. 적극적인 환기와 채광은 3분할로 구성된 평면의 중앙 부분, 즉 중정과 이에 면한 유리면에 의해 이뤄진다. 이러한 이유로 아즈마 주택이 야오동과 유사하게 중정을 중심으로 구성된 주거라는 점에서 저자가 예를 들고 있다.

모교 서안 야금冶金 건축학원의 공중촬영

• 고루鼓樓 주변

　이곳은 나에게 있어 가장 서안다운 기분을 맛보게 했던 곳으로, 유학 중에는 성 밖에 있는 학교에서 자전거로 자주 다녔던 곳이다. 고루의 서쪽에는 청진사淸眞寺(칭첸스. 청진은 중국어로 회교라는 뜻)가 있는 것으로도 알 수 있듯이, 이 일대는 흰 모자를 뒤집어 쓴 회교도가 많고, 공기 중에 감도는 중국판 양고기 꼬치의 강렬한 향신료 냄새가 서역을 상기하게 만든다. 이 양고기 꼬치는 1개에 1각角이고(지금은 2각인 것 같다. 1각은 약 3엔 정도*), 자전거의 바퀴살에 이 이상 얇고 또한 작게 썰 수 없을 정도의 양고기가 5~6조각 달려 있다. 여름에는 시원한 맥주와 이것만 있으면 최고라고 할 수 있다. 이것을 나는 88개까지 먹은 적이 있다. 모두 합쳐서 8원元 8각角, 엔円으로 하면…등

＊인민화폐 단위는 원(元, 위엔=塊), 각(角, 지아오=毛), 분(分, 펀)이다. 1元=10角=100分.

서안의 상징 종루

추억을 돈으로 환산하는 것은 일본인의 나쁜 버릇일까.

건축 이야기가 아니어서 좀 미안하지만 양고기 이야기가 나온 김에 또 하나 잊을 수 없는 것이 양고기 파오모 泡饃이다. 여름이 양고기 꼬치라면 겨울은 양고기 파오모이다. 이 음식들은 모두 계율로 돼지고기가 금지되고 있던 회교도의 음식이었는데, 오늘날에는 한민족 사이에서도 널리 인기를 얻고 있다. 우선 밀가루를 반죽해서 구운 모라 불리는 둥글고 넓은 빵과 같은 것을 자신의 식욕과 체력에 맞는 분량으로 구입한다. 다음에 이 단단한 모를 자신이 잘게 썰어 커다란 덮밥에 넣는다. 이 작업에 대개 5분 정도 걸리고 끝날 무렵에는 손가락이 저려온다. 이 작업이 끝나면 덮밥을 종업원에게 건네주고 자신의 번호표를 받는다. 그 뒤는 양고기의 훈제와 스프를 첨가해 1~2분간 끓여주는 것을 기다릴 뿐이다. 얼굴을 덮밥 위에 파묻고 젓가락을 바쁘게 움직이는 사람들을 곁눈으로 바라보면서 마늘을 달콤하게 절인 탕소완 糖蒜 으로 위를 달랜다. 기다리는 동안에는 종업원의 입 언저리에 온 신경을 집중시키고, 자신의 번호를 부른 것 같으면 어쨌든 확인을 하러 가야 한다. 그렇게 하지 않으면 순서를 놓치게 되는 일도 있고, 잘못하면 자신의 덮밥을 먹지 못하게 된다. 이렇게 해두면 자신의 차례가 되었을 때 종업원이 일부러 이 지능이 덜된 남자를 위해 덮밥을 갖다 주는 일도 있다. 일본인이 혼자서 행동하면, 나의 경우에 한한 것인지는 모르나, 외견상 중국인과 구별이 안 되어 어설픈 중국어를 지껄이면 머리가 좀 이상한 사람으로 생각하는 모양이었다. 덮밥이 테이블 위에 놓이면 겨자소스를 넣어 무심히 먹을 뿐이다. 식사를 다 마쳤을 때에는 한 겨울에도 온몸이 땀으로 흠뻑 젖어 무의식중에 밖을 배회하고 싶은 생각이 든다.

먼저 청진사 남동부의 대문으로 들어가 발걸음을 서쪽으로 옮겼다. 이 부근에 사는 회교도에게 예배 참가를 호소하기 위한 성심루省心樓로 불리는 미나레트(Minaret)*를 지나 더욱 서쪽으로 나가면 유리기와를 올린 예배당이 보인다. 회교사원의 원칙에 따라 이곳에서도 성지 메카를 향해, 즉 서쪽을 향해 예배를 드린다. 회교에서는 우상배물偶像拜物을 금하고 있기 때문에 사원의 장식은 대부분 기하학 문양과 식물이 주류가 된다. 이러한 장식 때문에 전체에는 안정된 분위기가 감돈다. 그러나 곳곳에 용과 거북 등 동물들이 눈에 띄는 것은 한화漢化의 나타남일까, 어쨌든 중국대륙에서 한민족의 건축을 계속해서 보게 되어 식상할 때쯤 한숨 돌리기에는 적당한 장소였다.

다시 고루의 밑을 지나 시끄러운 서대가西大街로 나왔다. 종루를 왼쪽으로 보면서 많은 자전거의 무리를 지나가자 거리 양쪽에 죽제품의 상가가 늘

---

* 미나레트. 이슬람교의 예배당인 모스크의 일부를 이루는 첨탑으로 '빛을 두는 곳, 등대'를 의미한다. 이슬람교의 경우 하루 다섯 차례의 예배 시각에 예배당을 지키는 무아딘이 올라가 탑의 발코니에서 예배를 권유하는 아잔의 시구를 낭송하기도 한다. 청진사에서는 이슬람교의 미너레트와는 달리 불교사원의 양식으로 루를 세웠다. 따라서 형태는 여기서 말하는 것과는 다르다.

서안의 따뜻한 초겨울. 거리는 각 주거의 애완새소리 자랑의 장이 된다.

서안성 성벽에서 밖을 내려다보는 사람들. 그곳에서는 사람들이 거리의 재주꾼에게 몰려든다

어서 있는 것이 보였다. 이 작은 거리는 죽파시竹笆市(츄파시)로 불린다. 모든 죽제품, 예컨대 발簾, 행거, 의자, 돗자리, 부채, 빗자루, 심지어 중국식 고기만두와 찐빵을 만드는 데 사용하는 나무로 된 찜통 등을 판다. 여기서 한 블록을 사이에 두고 서쪽으로는 인감印鑑, 기장旗章류를 파는 상가가 줄지어 있는 정학가正學街가 있다. 이 부근은 도쿄로 말하면 갓파바시*合羽橋 도구 거리라고나 할까, 그 가운데에는 제작 즉시 판매되는 것도 있고, 여러 시간 사람들의 시선을 끌게 하는 물건을 전시한 것도 종종 있다. 이 죽파시 거리의 좋은 점은 차도를 좁히는 대신 양쪽으로 인도를 넓히고 있어 거리 전체가 상점가 사람들의 생활의 장이 되고 있는 점이었다. 다시 말해서 이곳에는 이불을 햇볕에 널거나, 노인들이 손자를 보면서 상가를 지키거나, 낮이 되면 학교에서 돌아온 아이들이 덮밥을 들고 거리 주변을 어슬렁거리는 것 같은 풍경이 있었다.

　죽파시 남단의 T자 교차로를 오른쪽으로 돌아 몇 분 가면 고구서점古舊書店이 있다. 중국에서 서점이라고 하면 바로 생각나는 것이 신화서점新華書店이다. 물론 서안에도 중심가인 동대가東大街에 서점이 있는데 그곳은 언제나 매우 혼잡하여 책을 천천히 보면서 고를 기분이 들지 않는다. 그러나 이 고구서점에는 언제나 팽팽한 긴장감과 정적감이 감돈다. 더구나 20평 정도의 상가 안에는 미술, 건축, 문학을 중심으로 한 호화본이 쭉 진열되어 있다. 그리고 그곳에서 책을 유심히 들여다보는 사람을 보면 언제나 낯익은 얼굴들이다. 거리의 소음을 아랑곳하지 않고 이곳 고구서점에는 또 다른 시간이 흐르고 있는 것 같은 기분이 들었다.

＊ 갓파바시. 비옷, 비막이로 덮는 동유지를 만들고 파는 곳.

• 서안역西安站

 당나라의 수도 장안이라는 호칭에서 서안에는 옛것만 남아 있는 듯한 인상이 있는데 실제로는 도시 전체가 현대화의 물결이 밀려와 점점 옛 풍경이 사라져 가고 있다. 우리 같은 이방인들에게는 실로 유감스러운 일이지만 이곳에서 계속 살아가는 사람들에게는 당연히 새로운 생활공간이 필요한 것이고, 그것은 어쩔 수 없는 것이다.

 그런데 서안에 세워지는 현대건축이란 과연 어떤 것일까? 한마디로 말해서 양복을 입고 삿을 쓴 모습이다. 문화대혁명 이후 1970년 말부터 1980년대에 걸쳐 현대화라는 구호 아래 성냥갑과 같은 건축이 난립하였던 모양인데, 최근에는 포스트모더니즘을 의식해서인지 성냥갑의 머리 위에 중국풍의 전통 기와지붕을 얹고 있다.

 이와 같은 현대건축 가운데 내가 제일 좋아하는 것은 서안 기차역火車站이다. 어쨌든 이것은 거대했다. 어떤 거대함이냐 하면 어느 이미지 모델에 본래 갖추고 있던 스케일감을 무시하고 기능적 요구에서 산출된 숫자를 곱한 느낌이다. 예컨대 당 대의 옛 제도를 전하는 일본 나라奈良의 당초제사唐招提寺(도쇼다이지)를 예를 들어 설명하면, 이것이 역사로 사용하기에는 지나치게 작기 때문에 여기에 아무런 생각 없이 곱하기 10이라든가 100을 한 것 같은 느낌이다. 또한 지붕 외에는 격자 모양의 성냥갑 모양을 하고 있다. 정말 어안이 벙벙해지는 수법이다.

 "일본인과 중국인은 배다른 형제다."라고 어느 정치학자가 말했다. 한자로 대표되는 것과 같이 문화의 저층부(父)에서 공통되는 것이 많기는 하지만 그 표현(母)은 전혀 다르다. 즉 거대한 것을 자랑하는 중국과는 달리 일본인은 분재다, 마이크로컴퓨터다 하고 축소하는 것이 자랑인 것이다.

 본인이 서안역을 좋아하는 이유는 무엇보다도 그 외관이 좋다거나 그런 것이 아니고, 그곳에서 이리저리 움직이는 사람들의 에너지와 같은 것에 매료되기 때문이다. 또한 근접하기 어려운 혼돈 속이지만 자기 자신을 내부로부터 충동시키는 그 무엇이 있다.

대학의 건축계획이나 의장 강의에서 보면 동선動線이라는 용어가 나오는데, 이 역에서는 그것이 보인다. 보인다고는 하지만 눈에 직접 보이는 것이 아니라 동선이라는 이름의 세찬 흐름에 휩쓸려 빠져듦으로써 체감할 수 있는 것이다.

서안은 중국 대륙의 중앙에 있다고 보아도 무방하다. 즉 서안은 대륙의 동서를 잇는 중계점이고, 네모난 성벽의 북쪽을 용해철로龍海鐵路(난주-상해)가 동서를 관통한다. 동쪽으로 가면 상해, 북경, 서쪽으로 가면 난주, 우루무치 또 사천성四川省(쓰촨성)에 이른다. 이 같은 대륙의 방위도가 그대로 역사의 평면에 응축되어 있다. 즉 거대한 역사의 중앙을 입구로 하여 동쪽 반은 동으로 가는 사람들의 공간으로, 또 서쪽 반은 서쪽으로 가는 사람들의 공간으로 서안역의 평면은 단순하고 명쾌하다. 이 정도로 단순하게 하지 않으면 그야말로 야반도주라도 하는 것 같은 대량의 화물을 안고 있는 사람들을 다루기 힘든 것이다. 또한 사람들은 평소 줄을 만들고 서서 기다리는 습관이 없으므로 개찰구를 빠져나가면 줄은 일시에 무너져 플랫폼까지 가는 길은 단거리 달리기의 경쟁이 된다. 그러나 힘든 일은 그 뒤의 일이다. 지정좌석을 잡지 못한 사람들이 빈 좌석을 찾아 열차의 승강구로 쇄도하는 것이다. 따라서 내리는 사람도 필사적으로 되지 않을 수 없다. 춘절春節(舊 정월) 전후에는 이와 같은 상황이 절정에 달해 역무원에게는 그야말로 화차火車다. 덧붙여 말하면 중국어에서는 열차를 화차火車라고 부르는데 이런 순간에 한자의 위대함을 실감한다.

그런데 정말로 엄청나다고 느낀 것은 실은 그 뒤의 일이었다. 엄청난 고생

끝에 승차했는데 일단 화차가 달리기 시작하면 수분 전의 필사적인 상황이 거짓말처럼 차안은 화기애애한 분위기로 변한다. 그러나 1분도 채 못 되어 담배 연기가 차안에 자욱해진다. 승객 전원이 훈제가 되는 것이 아닌가 할 정도의 연기다. 갓난아기에게는 참으로 지옥일거라고 생각하면서 언뜻 엄마에게 안긴 아기의 얼굴을 들여다보니 생글생글 미소를 띠고 있었다. 이것을 보면서 갑자기 올림픽에서 일본은 영원히 중국을 이길 수 없을 것 같은 느낌이 들었다.

여담이지만 최근 순공한 신상해新上海 기차역火車驛도 서안역에 뒤지지 않을 정도로 거대한데 정면을 향해 오른쪽 반은 1등석(연와軟臥) 여객의 대합실로 되어 있다. 확실히 비싼 요금을 지불하고 여행하는 외국인 관광객 입장에서는 당연한 권리를 주장하고 싶지만, 다른 한쪽의 상황을 보면 반대로 어깨가 움츠러드는 느낌이 들었다.

야시로 카츄히코 八代克彦

혁명의 성지, 연안延安(옌안)

일본인에게 있어 중국은 문화적으로는 어머니의 나라에 가까운 존재인 반면 근대사에 있어서는 침략이라고 하는 가해자로서의 두 글자가 항상 붙어 다닌다. 피해자인 중국인에게 있어서는 이 역사적 사실을 기록에 남기려고 하는 노력을 전국 각지에서 볼 수 있다. 따라서 새로운 중국 탄생을 기념하는 건축물은 그 대부분이 접두어로서 '항일'이 붙는다고 해도 과언이 아니다.

가해자로서 일본의 의무교육에서는 시간의 흐름에 따라서 역사교육을 진

연안 延安대학 학생기숙사

행하므로 언제나 현대사에 이르게 되면 학년말에 어물어물해 버리는 것 같은 생각이 든다. 그 때문에 중국을 여행하면 여기저기 곳곳에 중국판 펄하버(Pearl Harbor : 진주만眞珠灣)가 있는 데 놀라게 된다. 건축을 보기 전에 그 배경을 지나치게 모르는 나 자신을 부끄럽게 생각할 때가 많았다.

내가 서안을 유학하여 어학 실력이 어느 정도 붙게 되자 친구의 수와 폭도 차츰 늘게 되었다. 어느 날 저녁준비를 위해 야채를 사러 근처의 자유시장으로 갔는데, 무를 파는 분이 "자네 일본인이지?, 나 일본어 말할 수 있지." 하고 말을 걸어왔다. "정말이요! 말해 보세요." 하고 여기까지는 중국말로 이야기했다. 그러자 이 분의 입에서 갑자기 기묘한 음성이 나왔다. "삐걱삐걱, 슥슥, 바보……." 어안이 벙벙했다. 마지막 한마디는 알겠지만 앞의 말은 전혀 이해할 수 없다는 표정을 하자 말하는 분도 고개를 갸우뚱거렸다.

뒤에 안 일이지만 중일전쟁 당시 일본군이 현지 중국인을 욕할 때 사용한

절벽을 파내고 세운 봉화烽火 소·중학교

말이었다고 한다. 지금도 중일전쟁을 다루는 TV 드라마나 영화 중에 빈번하게 나오는 일본군(실은 중국인 배우)이 말하는 것이었다. 좀 더 설명을 하면 그 의미는 "밥이다, 밥. 죽여 버려. 너는 어쩔 수 없는 놈이다. 멍청한 놈······"이라는 것 같았다. 중국은 넓고 언어도 지역마다 전혀 다르다. 그러나 이 일본군의 언어만은 어느 변두리에 가도 통한다. 그래서인지 내가 일본인인 것을 알고 이 말을 걸어온 사람들의 얼굴은 무척이나 밝았다. 이것이 사람들의 마음을 홀가분하게 하는 것이었다.

연안이라고 하면 모택동, 항일, 혁명의 성지라는 말이 곧 연상될 정도로 연안과 중국 공산당의 연결은 강하다. 그 연안은 서안에서 헬기로 약 1시간 정도 걸렸다. 눈 아래에는 황량한 황토고원의 놀라운 경치가 펼쳐졌다. 이 부근은 수백 년 전까지는 산림지대였다고 하는데 잇따른 전란과 무분별한 벌목으로 오늘날에는 사막화가 진행되고 있다고 한다. 지형 자체도 침식에 의해 평지에서 요철이 많은 지대로 변하고 있었다. 언뜻 보기로도 생활의 곤란 정도를 엿볼 수 있었다.

연안은 2,000년의 역사를 지녔다고 하지만 역사의 주요 무대로 등장한 것은 홍군(공산당군)이 장정長征의 최종 목적지로 삼은 데 따른 것이었다. 즉 1937년부터 10년간 모택동, 주은래 등이 이곳을 거점으로 일본군과 싸웠던 것이다.

중국의 건축학 전공 학생을 위한 교과서에『중국성시건설사中國城市建設史, 중국건축공업출판사』가 있다. 이른바 도시사都市史이다. 상하 두 편으로 상편이 청대까지의「고대부분」, 하편이 아편전쟁 이후의「근대부분」이다. 그 하편 제7장에 "혁명근거지적 성시건설"로서 연안이 거론되고 있는데 내용은 마치 당시의 당 기관 배치 설명 같다. 그 중추는 연안시내에서 북서쪽으로 수 킬로미터 지점의 양가령楊家嶺에 있다. 그런데 여기에서 특별히 두드러진 설명은 집회장이 된 중앙 대 예배당 이외의 건물이 모두 야오동식이라는 것이었다. 이러한 것이 모택동, 주은래, 주덕 등의 주거였던 것이다. 따라서 모택동 사상도 굴속에서 다듬어진 것이라 할 수 있다. 이것은 당시 연안 사람의 대부분이 토우야오土窯로 불리는 허술한 횡혈에 살았던 것에서 힌트를 얻어 석조로 개량한 것이다.

이 같은 하나하나의 야오동을 직접 돌아보면 당시의 검소한 생활모습을 통하여 반대로 혁명에 대한 그들의 뜨거운 의지를 느끼게 된다. 적대국 사람이었던 내가 그렇게 느낄 정도이므로 중국인은 충분히 그렇게 느낄 것임에 틀림없다. 당연히 모택동이 건재하였던 시절에는 "모 주석이 야오동에서 살았으니까 우리도 야오동에서 살자!"라는 식으로 각지에서 야오동식 건축이 건설되었던 것이다. 연안에 건설된 당 관계의 건물(학교, 숙사)은 물론 "농업은 대채大寨에서 배우자."(1965년)로 유명해진 산서성山西省(산시성) 석양현

야오동 교실에서 수업하는 모습

연안 모택동의 옛 주거 내부

연안 교외 야오동 마을의 결혼식

昔陽縣 대채인민공사, 섬서성陝西省(산시성) 예천현禮泉縣의 봉화烽火인민공사의 초등학교, 중학교(1971년) 등이 그것이다. 후자에 대해서는 몇 번인가 방문했는데 그때마다 폐허로 변하고 있었다. 들리는 바에 의하면 대채大寨도 지난날의 힘은 없다고 한다.

  모택동이 사망한 지 10년이 조금 넘었다. 모택동 사상에 대한 일반 서민의 무언의 대답이기도 하고, 사상이 선행된 건축형태의 말로라고도 할 수 있다. 그런 가운데 연안의 사람들은 변함없이 야오동 주거생활을 계속하고 있다. 그것은 모택동의 옛 주거를 그들의 손으로 더 한층 개량한 유형이다.

야시로 카츄히코 八代克彦

구도九都 낙양洛陽(뤄양)

  중국과 일본의 유대관계는 오래 되었다. 그 가운데서도 낙양洛陽과 일본과의 관계는 중국 4,000년의 역사 스케일로 본다면, 첫 대면을 할 당시 양자는 어른과 갓 태어난 아기 정도가 아니었을까.

  서기 57년 후한 광무제光武帝 때 일본의 사신이 그 당시의 낙양雒陽(洛陽으로 하지 않고 雒陽으로 한 것은 한나라가 오행설의 영향으로 水를 불길하다고 생각하였기 때문이다.)으로 가서 조공한 일이 『후한서後漢書』 「왜인전倭人傳」에 기록되어 있고, 이것이 일본이 세계사에 등장하는 최초의 기록이다. 그때 중국 황제가 일본 측에 선사했던 것이 왜노국왕倭奴國王이라 새겨진 금인金

낙양洛陽 노성老城

印으로 알려지고 있다. 당시 중국 측에서는 왜노국으로 일본을 부르고 있었는데 그 무렵 일본인은 문자를 갖지 않았으므로 그것이 어디의 누구였는지는 아직도 확실히 알 수 없다.

그 50년 뒤 후한 안제安帝의 영초永初 원년(107년)에 왜국왕사승倭國王師升, 그리고 130년 뒤인 삼국지시대 경초景初 2년(238년)에 사마대국邪馬台國의 여왕 히미코卑彌呼의 사신이 위魏의 수도 낙양을 방문하였다고 『위지魏志』「왜인전」에 전하고 있다. 이 당시 상대는 위의 건국자 조조曹操의 손자인 명제明帝였다. 이때만 해도 일본은 아직 야요이彌生 시대로서 문자가 없었으므로 명제로부터의 선물, 예를 들면 동경銅鏡 등의 출토에 의해 사마대국의 소재를 판단하지 않으면 안 될 형편이다.

이와 같은 중국과 일본의 국가적 교류사는 책을 살펴보면 그 오랜 역사를 알 수 있게 되지만 알 수 없는 것은 그와 같은 역사적 사건의 전후에 놓인 시간의 흐름이다. 예컨대 왜노국은 어떻게 한漢의 존재를 알게 되었는가? 낙양으로는 누가 길 안내를 했는가? 이쪽은 문자가 없었는데 어떻게 교섭을 하였는가? 등 끝이 없다.

낙양의 동쪽 50km, 정확히 하남성河南省(허난성)의 성도省都 정주鄭州와 낙양과의 중간 지점에 해당하는 곳에 공현鞏縣(궁셴)이라는 도시가 있다. 정주 쪽에서 차로 남쪽으로 우회하여 등봉登封(덩펑)을 경유하여 공현으로 향하면 도중 밀현한묘密縣漢墓, 중악묘中岳廟, 소림사小林寺(샤오린스), 법왕사탑法王寺塔, 그리고 중국에서 가장 오랜 천문대인 일명 주공측량대周公測量臺 등을 볼 수 있다. 이것들을 대강 살펴보고 송릉宋陵 부근 공현의 호텔에 도착한 것은 포근한 초겨울 밤이었다.

로비에서 숙박수속을 하려고 여권을 테이블 위에 놓자 "아니 당신 일본인입니까?" 하고 완벽한 억양의 일본어가 들려왔다. 얼떨결에 얼굴을 들어보니 20대 정도의 여성이었다. "일본어를 잘 하시는군요." 하고 말하자 "네, 제 어머니가 일본인이니까요." "어머니는 전쟁이 끝난 뒤에도 이곳에 남았어요. 그런 사람이 이 도시에 몇 명 있지요." 하고 밝은 목소리가 이어졌다.

저녁식사를 마치고 방으로 돌아오는 길에 또다시 그녀를 만났기에, 어떻게 그렇게 일본어가 유창하냐고 묻자 1년간 어머니와 함께 일본 고향에 갔다 왔다고 했다. 이때는 더 이상 자세하게 물을 수 없었다. 그러나 방으로 돌아와 침대에 눕는 순간 나의 뇌리를 스쳐간 것은 왜노국왕倭奴國王과 히미코卑彌呼 시대에 헌상된 노예들의 일이었다. 이국에서 보내진 노예이므로 단순히 우마牛馬와 같은 노예와는 달리 어떤 특별한 대우를 받았던 것임에 틀림없다. 어쩌면 그것은 더 가혹한 것이었는지도 모른다. 반면 또 다른 사람은 다음의 일본으로부터 오는 사자使者와의 절충역을 수행하였는지도 모른다. 또 혹자는 다른 땅, 예컨대 오吳, 촉蜀으로 보내져 싸움터에서 최후를 마쳤는지

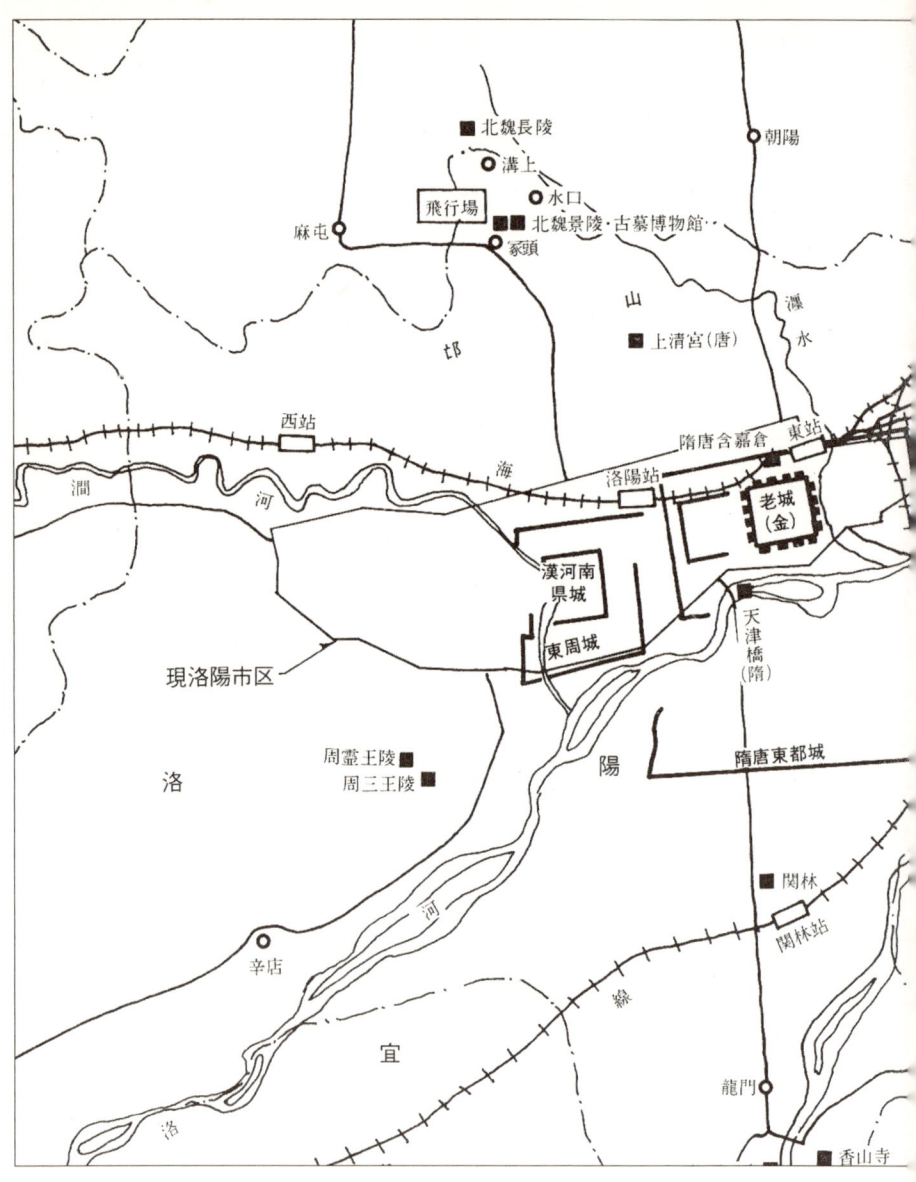

낙양 도성 위치변천도

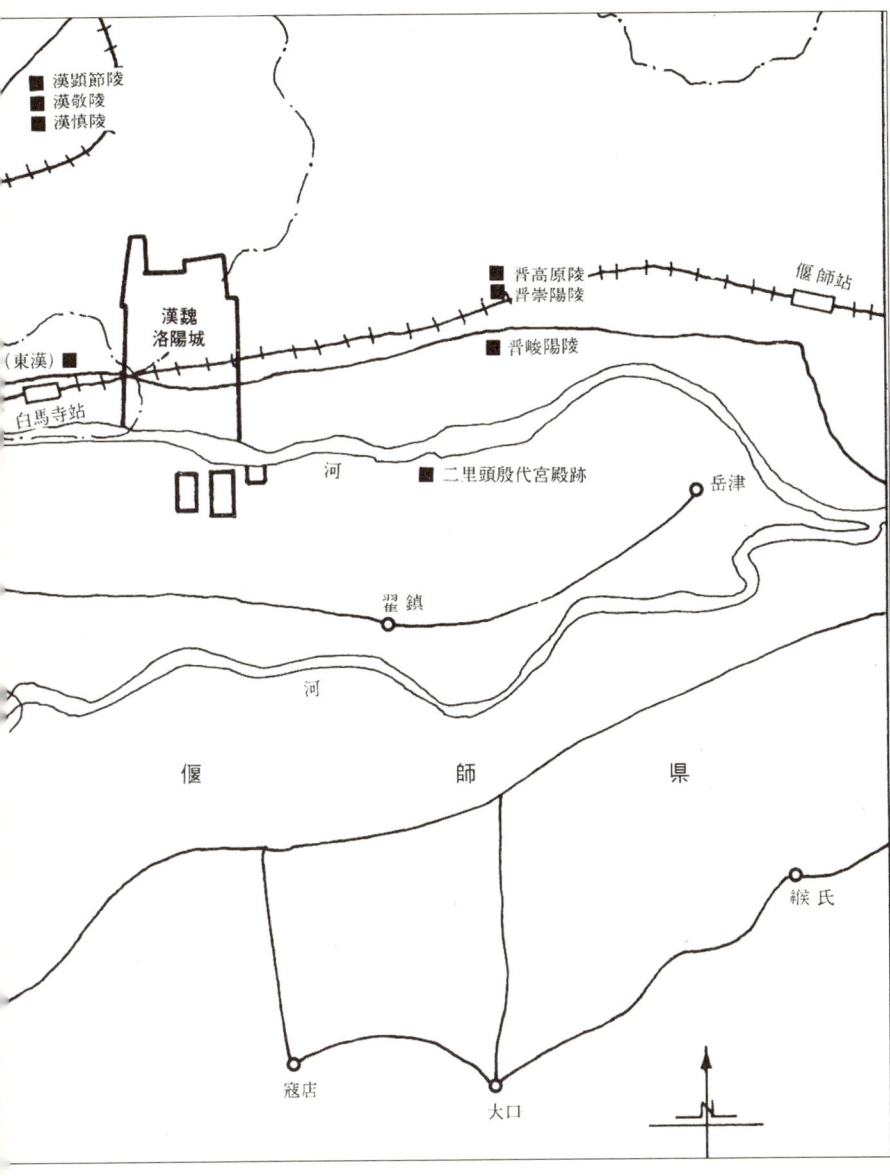

용문석굴龍門石窟, 봉선사奉先寺

도 모른다. 이와 같은 상상이 점점 커지자 약 2,000년 전에 시작된 중일 교류사의 몇 십년 또는 몇 백년마다 일어나는 사건과 사건과의 알려지지 않은 공백이 조금은 메워지는 것 같은 생각이 들었다.

공현에서 낙양으로 가는 방법으로 동쪽에서 접근하면 이리두二里頭의 은대殷代 궁전지, 한위漢魏 낙양성지洛陽城址, 그리고 중국에서 가장 오래된 불교 사찰 백마사白馬寺(바이마스)를 만날 수 있다. 남쪽에서라면 이하伊河 근처에 낙양 관광의 가장 중요한 용문석굴을 만날 수 있다. 만일 낙양 도착이 오전 중이라면 남쪽 루트가 좋은데 그것도 빠르면 빠를수록 좋다. 그 이유는 이 석굴이 이하 서쪽 언덕에 개착開削되어 있어 아침 햇빛에 비추어지는 것을 맞은편 언덕에서 바라보는 모습이 최고이기 때문이다.

솔직하게 말하면, 낙양으로 들어가면 그 뒤로는 거의 볼 만한 것이 없다. 그래서 낙양으로 가는 루트에 대해 좀 더 언급하고 싶다. 중국은 광대하다.

그렇다면 그 광대함을 보는 방법, 즉 하늘로 접근하는 것이 재미있다. 다소의 위험이 뒤따른다고는 하지만……

　G. 겔스터라고 하는 기구조종사의 『차이나 오버』라는 사진집이 있는데 페이지를 넘길 때마다 탄식이 절로 나온다. 이것은 서쪽 신강의 교하고성交河故城으로부터 동쪽 북경 천안문까지의 공중촬영 사진집이다. 여기서 탄식의 가장 큰 원인이 무엇인가 하고 자문해보면 그것은 하늘의 혜택으로서의 대자연의 박력이 아니고, 그곳에 새겨진 인간이 갖고 있는 힘의 위대함인 것 같다. 실제로 이 같은 감동을 맛볼 수 있는 도시의 하나가 낙양인 것이다.

　낙양 북쪽 교외의 망산邙山은 완만한 구릉 지대이고, 왕위에 오른 역대 9왕조(동주東周에서 당唐을 거쳐 후당後唐까지)의 왕후 귀족이 즐겨 능묘를 쓴 곳이다. 이곳에는 비행장이 망산의 한가운데에 있어 낙양의 시가지를 한눈에 바라볼 수 있다. 따라서 낙양을 하늘에서 접근하는 것은 생각에 따라서는 중국 제일의 능묘로 들어가는 격이 되는 것이다. 얘기가 다른 길로 벗어났는데 공항 상공에서 눈으로 볼 수 있는 것은 하침식 야오동의 지하에 판 네모난 중정군이다. 이것을 카메라에 담고 싶어 주위 승객들의 차가운 시선을 무시하고 혼자서 셔터를 계속 눌렀던 것이 기억난다.

　왜 이곳에 이 같은 하침식 야오동이 많이 있느냐 하면 이곳이 능묘의 명당인 것과도 관련이 있는 것 같다. 즉 능묘는 지하에 있고 따라서 그만큼 굴을 파는 전통이 있었던 것으로 생각된다. 중국 고고학계가 많이 사용하고 있다고 할 수 있는 손으로 파는 보링 막대는 낙양산洛陽鏟이라고 한다. 막대의 끝에 반통형의 스코프를 부착한 것이다. 이것을 땅에 깊이 찔러 스코프에 묻어 나오는 흙의 빛깔로 유적의 유무를 판단한다. 이 도구 이름으로도 알 수 있듯이 낙양에서 발명된 것인데 발명자는 망산邙山 남쪽 기슭 마파촌馬坡村 출신의 이압자李鴨子로 청나라 말기의 사람이다. 그런데 바로 이 사람이 도굴범

망산향邙山鄕 총두촌冢頭村의 하침식 야오동 (촬영 / 山畑信博)

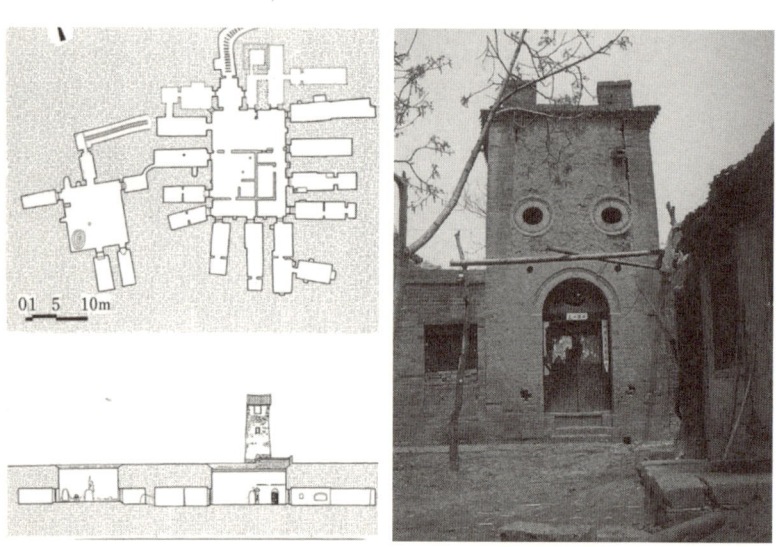

망산향 수구촌水口村의 지하에서 연결되는 하침식과 망루

망산향 총두촌의 망루

이다. 이런 사정에 대해서는 조진화趙振華의 『낙양도묘사략 洛陽盜墓史略』에 그 노하우까지 설명되어 있어 재미있다.

사족이지만 당시 망산 총두촌에서 야오동의 조사연구를 하고 있는 사이에 야오동에 거주하고 있는 사람들과 의기투합하여 '하침식 야오동 취락의 보존계획'이라는 것을 낙양시 정부에 건의하였었다. 그 뒤에도 몇 번 중국을 방문하면서 낙양을 방문했는데 시정부와의 교섭은 한마디로 어둠 속에서 무엇인가를 찾는 듯한 느낌이었다.

아무튼 이것과는 관계없이 사람들은 지금 지하에서 지상으로 이주하고 있다. 주인을 잃은 하침식 야오동은 하늘을 향해 뻐끔히 입을 벌리고 폐허가 되기만을 기다리고 있을 뿐이다. 총두촌은 북쪽의 공항 활주로에 인접해 있고, 동쪽 끝에는 이곳에 어울리는 고묘古墓 박물관이 있다. 이 박물관은 그 전시 내용의 충실함과는 반대로 개관한 지 얼마 안 되었기 때문인지 지명도는 그리 높지 않았다. 박물관을 찾는 사람들은 당연히 하침식 야오동이라는 땅에 묻혀져가는 보물의 존재 같은 것을 알 까닭이 없다.

중국의 야오동 연구 지도자인 난주인蘭州人 임진영 선생이 "야오동에 봄을" 하고 주장한 지 10년이 된다. 나는 지금 그곳에 "낙양 야오동의 재생을" 하고 바다를 건너 외치고 싶다.

야시로 카츄히코 八代克彦

중원中原* 야오동窯洞 탐색

『건축가 없는 건축』에 실린 항공사진 속의 야오동 취락을 찾기 위해 연구를 시작한 처음부터 그 소재를 조사했었지만 자료와 정보의 부족 때문에 지

카스테르가 본 하침식 야오동의 취락
(Rudofsky, *Architecture without Architects*, Doubleday & Company, Inc, Garden city, New York, 1964)

역의 탐색이 힘들었다. 책에서 얻은 정보는 하남성의 낙양과 섬서성의 동관 潼關 부근으로 되어 있을 뿐 구체적인 마을의 이름까지는 나오지 않았다. 중국 측에 물어보아도 모른다는 냉담한 대답뿐이었다. 게다가 하침식 야오동 취락이 있을 만한 지역은 그 대부분이 미개방지구로 우리 같은 외국인이 마음대로 찾아다닐 수도 없고, 예측한 지역의 조사를 신청해도 보기 좋게 거절당하는 일이 종종 있었다. 더욱이 문화혁명의 거센 바람이 잔잔해진 뒤 얼마 되지 않은 혼란기, 그들로서는 근대화, 현대화 정책에 역행하는 것 같은 야오동 주거를 적극적으로 외국인에게 공개할 상황이 아니었던 것이라고도 생각할 수 있었다.

---

* 중원. 오늘날 중국 하남성河南省(허난성)을 중심으로 산동성山東省(산둥성) 서부, 섬서성陝西省(산시성) 동부에 걸친 황하 중·하류 유역이 이에 해당한다.

실제로 제1차 조사 시 하남성의 공현에서 없다고 들었던 하침식 야오동 취락을 우연히 발견하여 중국 측의 제지를 무릅쓰고 마을로 들어갔던 일이 있었다. "제멋대로의 행동은 중국과 일본의 우호관계에 도움이 되지 않는다.", "하침식 야오동이 있는데 왜 거짓말을 하면서까지 감추느냐?"고 한때 험악한 상태에까지 이른 일이 있었던 것이다. 그 후 4차에 걸친 조사에서 낙양 교외의 총두촌과 삼문협시三門峽市 부근의 자종촌磁鐘村, 황하를 건너 산서성 평육현平陸縣의 후왕촌候王村 등 항공사진 속의 취락을 방불케 하는 것과 같은 하침식 야오동 마을을 방문했었는데 모두 취락의 규모가 작고 주위의 지형도 사진 속의 마을과는 일치하지 않았다.

우리 조사단은 사진 속의 취락을 찾는 한편으로 연구 본래의 목적인 야오동의 분포 상황과 형태의 지역 차이, 구조방법과 생활양식 등의 자료를 얻기 위해 황토고원의 야오동 취락을 하나라도 많이 방문하고 싶었다. 그래서 우리는 조사의 횟수를 거듭할 때마다 새로운 지역을 포함하여 고애식靠崖式의 취락도 많이 방문했다. 고애식 취락은 하침식과 같이 이상하지는 않으나, 자연과 융화된 아름다움이 있었다. 특히 삼문협시에서 차로 1시간 남짓, 황하의 협곡에 가로놓인 삼문협의 큰 댐으로 향하는 길목에 있는 위가구촌位家溝村은 우리 모두가 이구동성으로 도원경桃源境이라고 입에 올린 아름다운 마을이었다.

1987년 봄에 입수한 중국 측의 연구자료「하남 야오동식 주거」에서 하남성의 하침식 야오동 주거의 분포지역이 공현에서 맹진孟津에 걸친 망산영토邙山嶺土, 낙영洛寧의 관장官莊, 낙하洛河의 남쪽, 게다가 삼문협・영보靈寶 사이의 효산영토崤山嶺土임을 알게 되었고, 여름의 제5차 조사일정에 마을의 이름이 판명된 곳을 낙영에서의 조사목록에 짜 넣었다. 그러나 이때의 조사는 생각지도 않은 집중호우로 인해 일정대로의 이동이 불가능하여 모처럼

삼문협 三門峽 북쪽 교외 고묘항高廟鄉 위가구촌位家溝村의 고애식 취락

허가를 얻은 낙영도 단념하지 않을 수 없었다.

3개월 후인 10월 말, 서안에 유학 중인 야시로八代 씨와 사적인 여행을 하였다. 물론 야오동의 여행이었다. 우리는 미리 하남성 건축학회에 낙영에서의 조사를 신청해 보았으나 외국인 미개방지구라는 이유로 허가되지 않았다. 그러나 낙양까지 와서 단념할 수는 없어서 우의빈관友誼賓館으로 향하는 택시운전사에게 하루 대절로 낙영행을 부탁해 보았다. 결국 약간의 팁을 더 얹어 주기로 하고 쾌히 승낙을 얻어 이틀 뒤 아침 일찍 낙양을 떠났다. 차는 일본제의 새 차인 크라운이었다. 낙하에 평행하는 가로수 길을 따라 서쪽을 향해 달리는 드라이브는 군과 공안의 차를 스쳐 지나갈 때의 긴장 외에는 쾌적하였다. 그러나 그것도 한순간, 낙영의 시가지로 접어들자마자 차종의 선택을 잘못한 것을 깨닫게 되었다. 이 차는 중국인들의 이목을 지나치게 끄는 것이었다. 그래서 시내에서 차를 멈추게 되면 언제나 차 주위에 사람들이 모여들었다. 이런 상황을 보고 공안이라도 온다면 그야말로 일이 귀찮게 된다. 야오동 마을 관장官莊의 소재를 파악하면 한시라도 빨리 시가지를 벗어나는 것이 좋을 것 같았다.

사람의 통행이 적은 시가지를 벗어난 곳에 차를 세우고, 운전사 한韓 씨를 통해서 들은 야오동 마을은 동왕촌東王村이었다. 목적지인 관장은 아니지만 달리 정보도 얻을 수 없어서 가 보았다. 이곳은 시가지에서 서쪽으로 5~6km의 거리였다. 구릉지에 패인 자국이 작은 골짜기에 있는 고애식 야오동 취락이었다. 마을을 견학하는 동안 야시로 선생은 서안의 학생으로, 동행한 사진가 아키야마秋山 씨와 나는 광주光州에서 온 중국인 친구로 행동하였다. 이곳 중국인들은 일본어를 말해도 광동어로 알았는지 전혀 의심하지 않았던 것 같다. 아쉽게도 우리는 이곳을 견학한 후 돌아올 때 관장의 소재를 알게 되었다.

황토지대의 도로

  3명의 이상한 사람들이 실버그레이의 번쩍이는 새 차를 타고 시골의 야오동 취락에 갑자기 찾아와서 "몇 년 전의 야오동인가?", "부근에 하침식 야오동은 없는가?" 하고 야오동에 흥미를 나타내면서 마구 질문을 퍼부은 뒤 사진을 찍고 눈 깜짝할 사이에 사라진 그들은 도대체 누구인가 등등 어차피 이 마을에 퍼질 사람들의 소문을 상상하면서 우리는 낙영을 지나 오늘 아침에 온 길을 20㎞ 정도 되돌아가 북으로 향했다. 순간 길이 나빠졌다. 깊은 수레바퀴 자국을 피하기 위해 이리저리 비껴가면서 천천히 나아가는데 마치 로데오의 말이라도 탄 것같이 차체가 몹시 흔들렸고 또한 심하게 바닥과 부딪쳤다. 이럴 때마다 운전사 한 씨의 얼굴이 일그러졌다. 우리는 차체를 가볍게 하기 위해 차에서 내려 걸었지만 "이 이상은 어렵다."라는 한 씨의 말에 사진 속의 취락에 대한 희망을 단념할 수밖에 없었다.

  야오동에 사는 사람들의 생활을 촬영하기 위해 건릉乾陵 부근의 야오동 마을에 머물게 된 아키야마秋山 씨와 헤어져 북경행 특급열차에 몸을 실었다. 일단 산서성의 태원太原(타이위안)까지 북상하고 그곳에서 열차와 차를 갈아타고 다시 서안으로 되돌아오는 야오동 탐색과 전통건축 답사의 여행이었다. 아침 6시 비가 내리는 서안을 출발해서 밤 9시 눈 내리는 태원에 도착했다. 4년 만에 두 번째의 방문이었다.

이튿날 아침 일찍 태원의 남쪽으로 100km 정도 떨어진 성벽의 도시 평요平遙(핑야오)로 향했다. 어젯밤부터 내리는 눈은 좀처럼 그치지 않아 예상하지 못한 큰 눈이 되어 평요의 적설량이 20cm가 넘었다. 성벽 안에 있는 현정부縣政府 초대소로 가기 위해 역 앞에서 자전거에 좌석이 붙은 이동수단을 이용했는데, 눈길에 운전하면서 자전거 페달을 힘차게 밟는 운전사의 뒷모습을 보면서 어쩐지 미안한 마음을 느껴 이것을 탄 것을 후회했다.

숙박 수속을 마치고 곧바로 성안을 산책했다. 성 밖의 신시가에 있는 한 백화점에서 방한복을 구입하고, 평요에서 가장 번화하다는 하서문下西門에서 성벽 위로 올라왔다. 높이 12m, 한 변이 1,500m 전후의 전벽돌로 만든 성벽이 사방을 에워싸는 평요의 시에서는 동대가, 서대가라는 큰 거리 남쪽 일대에 고색창연한 집들이 처마를 맞대고 있었다. 잿빛의 하늘 아래 하얀 눈으로 화장을 한 기와지붕이 계속 이어지는 모노톤의 세계는 쭉 늘어서 있는 안테나를 제외하면 수백 년 전의 경관과 그다지 다를 바가 없다고 생각했다. 그만큼 보존상태가 좋았다. 이곳 평요에 처음으로 성이 구축된 것이 주周의 시대이고 오늘날의 성벽은 명 홍무洪武 3년(1370년)에 대보수된 것이다. 이 도시는 녹음이 깃든 계절에 다시 한 번 찾고 싶었다.

평요에서 남으로 60km 정도 떨어진 산간도시 영석靈石은 이번의 여행에서 꼭 둘러보고 싶은 도시였다. 야오동 연구 자료의 하나로 야오동에 관한 풍부한 내용을 담고 있는 리히트호펜(Richthofen)의 저서인 『중국』에 장려한 고

신축한 고애식 야오동 주거. 산서성山西省 태원太原 북쪽 교외 양곡현陽曲縣 청룡진靑龍鎭

석축 파사드의 고애식 야오동 취락. 산서성 태원 북쪽 교외 마두수馬頭水

애식 야오동 건축의 스케치가 실려 있고 이것이 영석의 야오동 취락으로 기록되어 있기 때문이었다. 따라서 본인은 예전과 같은 형태의 야오동 건축이 지금도 남아 있는지 확인하고 싶어 미개방지구임을 알면서도 탐색할 작정이었다. 그러나 이 눈 때문에 차의 이동이 너무 위험했다. 그렇다고 열차를 이용하면 영석에서 하룻밤 자지 않을 수 없었다. 그렇게 되면 아무리 야시로八代 선생과 함께라도 중국인으로 가장할 자신은 없었다. 결국 해방도시 임분시臨汾市까지 남으로 내려가 그곳에서 차를 빌려 갈 수 있는 데까지 가보기로 변경하였다. 영석 부근을 지나는 중에 차창으로 비쳐지는 계단 모양의 야오동 주거가 원망스러웠다. 이날 밤 임분빈관臨汾賓館의 식당에 있었던 현지인에게 이 부근의 야오동 주거 분포상황을 물어보았다. 현지인의 말로는 고애식은 영석, 하침식은 평륙平陸에 많고 임분臨汾(린펀) 주변에서는 거의 볼 수 없다는 것이었다.

다음날 임분시 남쪽 30km 양분현襄汾縣의 정촌丁村에 있는 민족박물관을 방문한 뒤 어디까지 갈 수 있을지도 모른 채 단숨에 북상했다. 낙영에서의 전철은 밟지 않겠다고 마음먹고 이번에는 중국제 지프차를 선택했다. 운전사는 20대 전반의 청년 2인조로 마구 속도를 내려고 했다. 임분 분지 북단의 도시 홍동洪洞에 도착해 곽산의 남쪽 기슭에 있는 당대에 세워진 광승사光勝寺를 답사했다. 유명한 비홍탑飛虹塔이 있는 산정에 오르자 중국 고대문명 발상지의 하나인 비옥한 임분 분지를 한눈에 바라볼 수 있었다.

더욱 북으로 홍동의 시가지를 빠져나오는 순간 우리들 차의 전면에 비스듬히 정차한 트럭의 짐칸에서 갑자기 중년의 사나이가 차 앞으로 뛰어 들었다. 순간 둔탁한 소리가 들렸고 중년의 남자가 30m 가까이 날아갔다. 순간적으로 이 남자는 일어섰으나 다시 쓰러져 움직이지 않았다. 이 순간은 마치 슬로우 모션 동작을 보는 것 같았다. 우리들의 차를 운전하고 있던 청년은 안색도 변하지 않고 차에서 내리자 우선 망가진 백미러를 걱정하는 것이었다. 월급에서 수리비를 공제하게 되는지 여기에는 놀란 것 같았다. 잠시 뒤 쓰러진 사나이 주위에 사람들이 모여들고 시끄러워졌다. 얼마 안 되어 해결이 되었는지 운전사 청년에 안겨서 부상자가 우리들의 차에 실렸다. 얼굴을 맞았는지 부어 있었는데 다행히 의식은 있는 것 같았다. 병원 밖에서 기다리기를 한 시간, 붕대를 감은 부상자가 다리를 절룩거리며 걸어서 병원을 나왔다. 그 정도로 차와 부딪친 인간이 불과 1시간 후에는 걸어서 돌아간다는 것이 믿기지 않았다.

다음날, 섬서성의 한성韓城으로 향했다. 차종은 달랐으나 운전은 어제의 청년들이었다. 그 사람들에게는 처음으로 긴 여행이 되는 모양인지 긴장하고 있었다. 임분에서 60km를 남하하여 후마시侯馬市를 지나 이번에는 곧장 서쪽으로 달려 황하로 나왔다. 전체 길이가 700km에 이르는 진협晉挾 협곡의 최종지점인 용문龍門의 철교를 건너 『사기史記』의 저자 사마천司馬遷과 인연이 있는 땅 한성에 도착했다. 이 사이에 길가에 면한 야오동은 전혀 보이지 않았다. 다음날 우리는 6일 만에 서안으로 돌아갔다.

야오동 연구의 원점이기도 한 『건축가 없는 건축』 가운데 4장의 야오동 취락사진은 한때 뮌헨의 공항장이었던 디타ㆍ카스테르 백작이 50여 년 전 우편 비행기 조종사였던 시기에 찍은 것이다. 그것을 이 책의 저자인 루도프스키 씨의 편지로 알게 된 것은 개인적인 야오동 탐색여행도 끝나고 사진 속의 취락도 환상의 야오동 취락으로 바뀌고 있던 1987년이 저물 무렵이었다. 만일 이 사진 4장 외에 더 많은 사진이 있다면 취락의 위치를 알 수 있는 실마리가 될지도 모른다. 그리고 그 취락을 실제로 답사할 수만 있다면 이 세상의 불가사의한 지하 주거 취락의 반세기간의 변화가 일목요연해질 것이다. 환상의 야오동 취락에 대한 생각은 다시 고조되었다.

눈에 덮인 평요성 平遙城 성벽

홍동洪洞 · 광승사廣勝寺 비홍탑飛虹塔

평요성문 (위) 영석靈石의 고애식 야오동(아래)

젊은 날의 카스테르 백작의 모습. 후에 뮌헨 공항장이 된 카스테르(1905~1980년)는 1933년부터 36년에 걸쳐 루프트한자의 우편기로 중국을 공중촬영하였다.

　카스테르 백작은 이미 세상을 떠났으나, 뮌헨에 사는 백작 딸의 편지로 부친의 유품이 국립 민족학 박물관에 기탁되어 있음을 알고 곧바로 뮌헨으로 날아가 조사해 보았다. 백수십 장의 슬라이드와 두 권에 수록된 16㎜ 필름은 모두 반세기 전 중국의 모습을 기록한 귀중한 것이었는데 야오동에 관해서는 특별히 새로운 발견은 할 수 없었다. 다만 중국 전 국토에 미치는 비행을 정리한 『건축가 없는 건축』으로 제목이 붙은 사진집 가운데 1장의 야오동 취락사진이 있었고, 이것은 앞서 『건축가 없는 건축』에 실린 4장 가운데 1장이었다. 그 캡션에 낙양과 동관潼關 사이, 삼문협시 남쪽 30㎞로 되어 있는 것이었다. 삼문협의 남쪽 30㎞라고 하면 낙영에서 영보에 걸친 일대로 환상의 야오동 취락의 소재가 상당히 좁혀지게 된 것이었다.
　1989년 10월 난주蘭州(란저우)에서 개최된 제4차 야오동 및 생토건축 학술회의에 참가한 우리들 제6차 야오동 조사단에게 동관 · 영보 · 낙영에서의

영보현靈寶絃 초촌焦村 향서장촌鄕西章村의 하침식 취락

조사가 허가되었다. 그 가운데서도 동관은 제1차부터 여러 번 조사를 희망해 왔었는데 "하침식 야오동은 없다."는 이유로 지금까지 허가가 되지 않았던 지구였다. 과거에 공현鞏縣 사건이 있었던 만큼 "없다."고 하더라도 눈으로 직접 확인할 때까지 집요하게 조사허가를 신청해 왔던 것이다.

    예정으로는 난주에서 서안으로 비행기를 타고 가서 그곳에서 버스로 동관에 들어가기로 하였는데, 서안 상공의 악천후 때문에 목적지 동관도 지나쳐 낙양에 착륙하는 해프닝이 일어났다. 그래서 우리는 동관까지 200km를 한밤중에 운전해야 할 곤경에 빠졌다. 이 운전에서 나는 아직도 납득이 가지 않는 것이 있다. 동관까지의 버스 전세요금을 중국민항이 아닌 우리가 지불을 했고, 게다가 당초 예정한 서안의 호텔과 동관까지의 버스 위약금까지 지불을 강요당한 것이었다. 정말 터무니없는 이야기다. 더욱이 압도될 만한 하침식 야오동 취락을 조사할 수 있었다고 하면 말할 것이 없었겠지만, 안내된 야

낙영洛寧의 하침식 야오동. 지상에 이중의 벽요벽壁腰壁이 둘러쳐 있다.

오시얀窯上 마을은 우리가 보고 싶었던 하침식이 아닌 고애식이었다. 학수고대한 동관이었던 만큼 불만은 컸다. 역시 우리들 외국인이 자유롭게 좋아하는 장소에 갈 수 있는 시기가 오기만을 기다릴 수밖에 없는 것일까?

그러나 동관에서의 불만은 영보·낙영에 와서 어느 정도 풀어졌다. 방문한 영보현靈寶顯 초촌焦村 향서장촌鄕西章村이라는 마을이 환상의 야오동 취락과 상당히 유사한 마을이었기 때문이었다. 우리는 즉시 연으로 공중촬영과 몇 호의 하침식 야오동 주거의 실측을 마치고, 루도프스키의 책에 실려 있는 사진 속의 취락과 이 취락 주위의 지형을 비교해 보았다. 결과는 같은 취락이라고는 할 수 없었으나 촬영한 연의 사진에서 환상의 야오동 취락은 틀림없이 영보 부근에 있는 것으로 확신할 수 있었다. 또 2년 전 가보지 못했던 낙영의 관장官莊은 남쪽으로 내려가는 완만한 경사지에 펼쳐져 있는 하침식 취락이었다. 근처에 군 시설이 있어 연을 띄우는 것은 허가되지 않았고, 내려다보는 것도 허가되지 않았지만 하침식의 중정 배열이 서장촌에 비해 고르지 못하고 자연발생적인 색조가 짙은 취락임을 알 수 있었다.

  이곳에서의 조사를 끝내고 낙양으로 되돌아올 때 영보현 초대소 앞에서 탑승한 버스는 당장이라도 고장 날 것 같은 낡은 노선버스였다. 차체는 여기저기 녹이 슬고 곳곳에 구멍이 뚫려 있었다. 3개가 있는 지붕의 환기창은 전혀 닫히지 않았고 창유리도 제대로 끼워져 있는 것이 거의 없었다. 게다가 스프링이 부러진 것 같은 승차감은 당장 폐차하여도 될 정도였다. 움직이는 것 자체가 이상할 정도였다. 설상가상으로 운 나쁘게 도중에 비가 쏟아져 버스 안에서 우산을 써야 할 지경이었다. 빗속에 화물을 가득 실은 트럭에도 추월당하는 속도로 6시간, 가까스로 낙양의 우의빈관友誼賓館에 도착했다. 그러자 종업원들이 일제히 달려왔다. 물론 빈관에 찾아온 전대미문의 빈객의 도착을 보기 위해서였다. 이 이야기는 우리 조사단 사이에서는 지금도 화제가 되고 있다.

  지난날 중원지대의 문호에 해당되는 이곳, 언젠가 환상의 야오동 취락의 탐사를 겸하여 상공에서 **빠짐없이** 바라볼 날을 꿈꾸고 있다.

나카자와 토시아키 中澤敏彰

Chinese
Architecture

4

서남西南, 소수민족의 세계로

대나무를 모방한 콘크리트 기둥. 사천성四川省 박물관   프리케스트 콘크리트의 트러스. 성도成都 교외 덕양현 德陽縣

금성錦城 성도成都(청두)

매운 요리로 잘 알려진 사천성四川省(쓰촨성)의 사천四川이란 양자강揚子江(양쯔강 : 장강長江) 상류 4개의 강을 말한다. 비단 짜는 것으로 유명한 성도省都 성도成都는 3세기 삼국지 후반에서 유비 현덕이 촉蜀의 도읍으로 삼았던 곳으로 요시가와吉川英治, 진순신陳舜臣의 문고본을 읽으면서 여행하는 사람도 적지 않다.

우리에게 성도는 서쪽의 라싸拉薩로 비행기를 타고 가거나 남쪽의 곤명昆明(쿤밍)을 경유하여 서쌍판납西雙版納(시솽판나)을 방문하는 여행의 중계지로서 하룻밤 숙박하기 때문에 시간이 남아 주체하지 못하는 것 같은 기분이 든다.

광대한 사천분지四川盆地의 대낮은 아직 낮잠 자는 시간과 같은 한가로움이 감돈다. 물론 시내 여기저기에 제갈공명이 남긴 자취나 비가 세워져 있다면 호텔의 대여 자전거로 돌아도 흥미가 생길 수도 있겠으나 그럴만한 홍밋거리가 별로 없다.

낮잠의 기억만을 간직하기는 시간이 아까워서 서쪽으로 떨어진 두보杜甫의 초당草堂으로 향했다. 당의 시인 두보가 장안에서 물러나 3년 동안 살았던 정원은 아주 좋았다. 돌아오는 길에 무후사武侯祠에도 들렸다. 무후란 지장공명知將孔明을 말하는 것으로 유비도 모셔져 있지만 역시 공명이 인기가 더 있다는 것을 말해준다. 또 다른 기회에 이곳에 머문 때에는 북서 60km의 도강언都江堰을 찾기도 했다. 사천의 하나인 민강岷江의 관현灌縣에 있고 2,000년 전 성도成都의 홍수로부터 지키기 위한 고대 치수공사의 명소이다.

나는 중국의 건축가에 대해서 새롭게 인식한 적이 있었다. 말하는 가운데 이백李白과 두보의 시가 들어가거나 즉흥으로 우리들과의 공동연구를 기뻐하는 한시가 나오는 것이었다. 실로 문인 건축가인 것이다. 우리도 일본노래와 일본 전통시조를 읊어야 할 것 같다.

차타니 마사히로 茶谷正洋

일광성日光城 라싸拉薩

처음부터 계속 희망한 결과 6번째에 가까스로 서장西藏(시짱 : 티벳) 자치구 라싸에 대한 탐방이 가능해졌다. 그 직후인 1989년 7월에는 내란으로 계엄령이 내려졌었다.

해발 3,700m에서는 산소도 평지의 약 3분의 2로 적어지므로 우리는 천천히 걷기로 하고 호텔에 들어갔다. 침대 머리맡에는 비닐 튜브가 나와 있었다.

우리는 산소 호흡이 가능한 것을 알게 되어 기운이 솟아 날이 밝으면 호텔의 대여 자전거를 타고 라싸강拉薩河으로 피크닉을 갈 계획을 세웠다. 우선

철풍사哲豊 寺 대전大殿 앞 광장. 라사拉薩 교외

최고의 하이라이트인 포달랍궁布達拉宮(포탈라궁)을 찾았다. 산들로 둘러싸인 고원 가운데 두드러진 큰 바위산은 동서로 길게 400m, 전체를 더욱 높게 해 13층 건물의 117m 높이로 지은 위엄 있는 모습에 무심코 아테네의 아크로폴리스에 높이 솟아있는 파르테논 신전보다 훌륭하다고 생각했다. 도중까지 차로 올라가는 것이 편하다고 하여 서쪽에서 들어가 남쪽의 정면 계단을 내려가는 역코스로 진행하였다. 포달랍이란 불타佛陀에서 온 인도의 범어梵語(Sanskrit)로서 성지란 뜻이다.

   미아가 될 것 같은 입체적인 캄캄한 방이 이어지는 가운데 수유 등불이 불상과 벽에 쌓인 경전을 약간 비쳐주고 있었다. 큰 객실에서는 상부의 채광창이 잘 고안되어 있었는데 화려한 만다라 벽화가 있는 실내는 촬영금지였다. 중정과 옥상으로 나오자 햇볕에 눈이 부셨다. 넓은 화장실로 들어갔다. 칸막이가 없는 1인당 다다미 4조(疊)*반 정도 넓이의 마루에 난 구멍으로 천 길이나 되는 골짜기가 보였다. 이야말로 세계 최고의 바람이 불어오는 전각이라고 즐거워하면서 일행 모두를 불러냈다. 이윽고 정면의 돌계단을 천천히 내려가면서 숙원을 달성한 법열法悅에 젖어들었다.

다음은 팔각가八角街의 대소사大昭寺로 향했다. 라마교의 오체투지五体投地**의 기도방법을 흉내 내고 싶었다. 이곳 옥상에서 포달랍궁을 배경으로 기념사진을 찍었다. 팔각가는 유일한 최대의 상점가였으므로 한 바퀴를 돈 후에 모두 서로 다른 기념품들의 진기함에 대해 이야기했다.

몇 곳의 라마교 사원을 더 방문하고 호텔로 돌아오자 많은 백인 가운데 이후에 남쪽의 부탄으로 빠지거나, 서쪽의 히말라야 에베레스트를 목표로 삼거나, 네팔을 거쳐 인도로 빠지는 사람도 적지 않은 것 같아서 그런 각오로 오지 않은 우리로서는 그들에게 인사를 보내고 싶어졌다.

이튿날 아침 대여자전거 피크닉으로 화창한 날씨의 고원高原 여정을 만끽했다. 공항으로 돌아가는 도중 올 때 보았던 자연 건조로 벽돌을 만드는 마을에 들러 취한 휴식도 즐거웠다.

그런데 늘 강행군하는 우리에게 몇 번이고 수고하라는 인사를 해준 소형 버스의 운전수가 106㎞ 떨어진 공항에서 돌아오는 도중 차가 뒤집혀 사망하였다는 소식을 들은 것은 하루 늦은 상해의 호텔로 들어간 심야였다. 우리 일행은 한 사람씩 약간의 조의금으로 방문했다. 아직 호기심이 가득 찬 이 몸도 언제 어디서 그런 한 사람으로 돌아갈지 모른다는 생각에 마음이 착잡했다.

차타니 마사히로 茶谷正洋

---

* 疊. 일본의 전통건축에 일종의 돗자리와 같은 깔개로 '다다미疊'라고 한다. 다다미 2조가 대략 1평으로 구성되는 크기이다.
** 오체투지. 불교에서 절하는 방법의 한 가지로 먼저 두 무릎을 땅에 꿇고 두 팔을 땅에 댄 후 머리를 땅에 닿도록 절을 하는 방법을 말한다.

남으로의 탈출 - 해남도海南島(하이난섬)로

서안에 유학한 지 1년 수개월, 그 사이에 보았던 것이라고는 변함없는 연구 테마인 야오동이 중심이었다. 실로 굴 투성이의 연구였다. 이만큼 굴에 대한 삼매경三昧境에 들어가면 보통은 식상할 터인데 자신도 놀랄 정도로 그렇게 싫증나지 않는다는 것이었다. 나의 지도교수인 호우치야오侯繼堯 선생과 얼굴을 맞대어도 역시 야오동에 관한 이야기였다.

이와 관련해서 말하면 호우치야오 선생은 1989년에 출판된 『야오동 민거』(중국 건축 공업출판사)의 저자 가운데 한 사람이다. 그런 선생이 "자네는 야오동, 야오동 하고 자주 말하는데 인간이 같은 것을 계속해서 세 번 얘기하면 대개 그것만으로 훌륭한 전문가가 된 것이나 다름없다. 그런데 자네는……" 하고 반은 질리고 마는 형편이었다. 그러고 보니 난주의 임진영 선생의 개량 야오동을 견학한 김에 시내의 신화서점에서 종종 보았던 모이승茅以升(마오이송) 주편主編 『중국 고교기술사高橋技術史』(북경출판사)의 중국 각지의 아치교를 보고 있으면 모든 아치가 야오동으로 보이는 것이었다. 어쩌면 내 자신이 야오동 중독은 아닌가 생각되기 시작하여 이곳은 기분 전환도 겸하여 야오동을 잊는 여행길에 나서려고 1988년 1월 14일 건릉의 야오동 조사에서 돌아오는 그 길로 성도成都행 열차에 몸을 실었다. 그때 내 머릿속에는 소수민족(중국에서 받았던 내 학생증의 민족란에는 야마토大和로 적혀 있었다.), 목조 민거, 다리, 해남도의 푸른 하늘과 같은 단편적인 용어가 맴돌고 있었다.

결과적으로 내가 거친 경로를 말하자면, 서안西安(시안)-성도成都(청두)-귀양貴陽(꿔이양)-개리凱里(카이리)-황평黃平(황핑)-시병施秉(시핑)-진원鎭遠(첸완)-장사長沙(창샤)-계림桂林(꾸이린)-용승龍勝(룽선)-삼강三江(싼쟝)-유주柳州(류쵸우)-담강湛江(창챵)-해안海安(하이안)-해남도海南島(하이난타오)-해구海口(하이꾸)-훙룽興隆(신링)-싼아三亞(싼야)가 된다. 해남도의 최남단 싼아에 도착한 것이 서안을 떠난 지 보름이 지난 1월 31일이었다.

이하 그때의 일기를 바탕으로 각지의 상태를 스케치할 계획이다.

나는 비를 몰고 다니는 사나이인 것 같다. 어디에 가더라도 비 아니면 눈, 때로는 우박까지 내린다. 예를 들면 1983년 여름에 서안에 단기 유학했을 때는 3일간 호우가 쏟아져 촛불로 생활을 했다. 이 호우로 나의 조사대상이었던 하침식은 붕괴되고 말았다. 어쨌든 부상자가 생기지 않은 것이 불행 중 다행이었다. 여담이지만 그 3일간 서안은 전 도시가 정전이었는데 생활하는 데 있어서는 수세식 화장실의 물이 흐르지 않는 것 이외에는 그다지 큰 지장은 없었다. 이런 점이 중국 도시기반의 강인함이 아닐까.

단기유학 마지막에 갔던 우루무치에서도 확실히 서있지 못할 정도로 비가 내렸다. 그리고 내가 일급 야오동 감정사로 우러러 보는 나카자와中澤敏彰 씨와 산서성의 야오동을 순례하였을 때도(1987년) 10월인데도 불구하고 태원太原, 평요平遙에서 눈이 내렸던 것이다. 이런 이유 때문인지 이 여행에서도 비를 맞았다. 여정 중에 쓴 기록일지에 있어 *표시가 있는 날이 비가 내린 날인데, 개리凱里에서는 눈도 맞았다.

최초의 목적지 개리凱里에 도착한 것은 1월 17일 저녁 무렵이었다. 이곳에서의 목적은 통족侗族의 고루鼓樓였다. 그런데 아무래도 전날 귀양貴陽에서 지나치게 먹은 냄비요리가 원인이었던지 설사가 심했다. 그래서 외국인이 묵을 수 있는 유일한 숙소인 인민정부 초대소에 도착하자마자 드러눕고 말았다. 이튿날 기어가듯 초대소 약국에 가서 설사가 멎는 약을 먹었으나 전혀 효과가 없었다. 야오동 조사단의 일원으로서 처음으로 중국을 방문한 1982년 말, 우리와 동행해 주었던 중국건축학회의 계정달系靜達(시친타) 선생이 설사에는 생마늘이 잘 듣는다는 말을 한 것이 생각나서 식당에서 점심

때 마늘 세 쪽을 받아 어떻게든 씹어 먹었다. 그때까지 물조차 마시지 못했는데 마늘은 이상하게도 몸 안에 흡수가 되었다.

오후 3시 그럭저럭 배도 소강상태가 될 무렵 개리의 거리로 나왔다. 어쨌든 늘 있는 일이지만 준비 없이 서안을 뛰쳐나왔으므로 어디에 고루가 있는지 전혀 알 길이 없었다. 게다가 초대소에도, 가까운 서점에도 지도가 없었다. 전망이 좋은 곳으로 나가 주위를 돌아보고 걷기 시작한 지 한 시간 정도 되었을까, 저 멀리 나지막한 언덕 위에 고루가 보였다. 세 시간 정도는 배도 견딜 수 있으리라는 희망적 자가진단을 내리고 걷기 시작했다.

눈으로 질퍽한 길을 40분이나 걸었을까, 가까스로 고루 지붕선의 숫자를 헤아릴 수 있을 정도로 가까이 갔을 때 검은 의상을 걸친 통족 여성으로 보이는 50세 전후의 여성 세 사람이 비틀거리는 걸음으로 이쪽으로 오고 있었다. 그 가운데 하나가 나의 팔을 잡고 무언가 말을 거는데 냄새가 지독했다.

중국에 와서 느낀 점이지만 중국인과 일본인의 커다란 차이의 하나가 중국인은 결코 사람 앞에서 주정을 부리지 않는다는 것을 알고 있었으므로 이때만은 상대가 여성이라는 점에서 더더욱 놀랐다. 하지만 왠지 이 여성에게 친근감을 느끼게 된 것은 내 자신이 주정하는 소수민족과 같은 야마토족의 한 사람이었기 때문이었을까.

고루 밑에 겨우 당도했을 때는 땅거미가 깔리기 시작했다. 묘하게도 30m나 되는 고루 주위에는 취락 같은 것이 보이지 않았다. 뒤에 안 일이지만 이곳은 공원이고, 이 고루는 개리의 동남동 약 100km 떨어진 여평黎平에서 옮겨 세워진 금천고루金泉鼓樓라 불리는 것이었다.

『귀주문물고적전설선貴州文物古蹟傳說選』(귀주인민출판사)에 따르면 통족 고루의 외관은 삼나무를 모방한 것이라고 한다. 또 지붕 처마선의 층수는 반드시 기수이고 이 금천고루는 17층으로서 통족 고루 가운데서는 최다층수

개리凱里·금천고루金泉鼓樓   중경重慶의 중층주택. 조각루吊脚樓

를 자랑한다.

고루의 구조상 특징으로 말하면 못 등의 철물을 전혀 사용하지 않는 관구조*貫構造라는 것이다. 이 금천고루의 경우 4개의 주기둥과 그 주위에 12개의 보조기둥이 있고, 이것들은 모두 껍질을 벗긴 커다란 둥근기둥이다. 4개의 주기둥에서 바깥쪽으로 수평관재水平貫材가 뻗고 저층부에서 바깥기둥을 꿰뚫는다. 관재 위에 다발을 세웠는데 이 수직의 다발은 여러 층의 관재로 공유되고 밑에서 올려다보면 공중에 뜬 형태이다. 그래서 고루의 단면은 마치 여러 개의 미사일(수직으로 세운 다발)을 쌓은 로켓 같기도 하다.

통족의 고루는 한족漢族의 고루와 달리 단순히 때를 알리거나 망을 보기 위한 것은 아니고, 그곳에서 일동이 모여 이야기를 나누는 일종의 결속의 상

---

* 관구조. 누키貫구조. 기둥과 기둥을 뚫어 짜 맞추는 가구식 구조.

징이다. 당연히 그들에게는 친근한 건물이 되었고 처마의 끝을 감추기 위해 그려진 그들 자신의 손으로 그려진 유머러스한 그림으로부터 바로 "나의 건축"이 전해져 왔다.

숙소로 돌아왔으나 아직 몸의 상태는 아주 완전하다고 할 수 없었다. 다음 목적지는 광서廣西 좡족壯族 자치구의 용승龍勝(좡족)과 삼강三江(퉁족)이었다. 그러나 목적지로 가기 위해서는 장사長沙로 가지 않으면 안 되었다. 개리와 같은 외진 시골역에서는 침대차 와포臥鋪의 표는 사지 못할 것 같았다. 그곳에서 초대소의 외국인 담당자에게 부탁하자 진강鎭江까지 택시로 가서 그곳에서 일등 침대 연와軟臥의 표를 사라고 했다. 단 2일간의 택시요금이 300원, 안내료가 40원, 모두 340원이라고 했다. 나도 모르게 고개를 끄떡였다. 이 택시 여행은 여간 쾌적한 것이 아니었다. 아무튼 이 정도로 교통이 불편한 곳에서 식사와 숙소를 걱정하지 않아도 된다는 것이 도움이 되었다. 도중 황평黃平에서는 중안강重安江의 철색교鐵索橋, 퉁족 소녀들이 일하는 "아아 야 맥상풍野麥峠風" 납힐*염공장蠟纈染工場, 그리고 비운애민족절일박물관飛雲崖民族節日博物館을 볼 수가 있었다. 이 박물관은 충실한 내용을 갖추고 있어서 예기치 않은 성과를 얻은 기분이었다.

시병施秉에 도착해서도 몸의 상태가 좋지 않았고, 기억에 남는 것은 화장실 바닥 두 장의 판자를 이은 곳에 뚫린 길이 25㎝ 정도의 표주박 모양의 구멍이었다. 표적으로는 너무나 지나치게 작았다.

시병에서 진강鎭江으로 향하는 도중 먀오족민거苗族民居를 견학하였다. 진강에서는 청룡동青龍洞으로 불리는 명 홍치弘治 3년(1489년)에 창건한 전

---

* 납힐. 염색법의 한 가지로, 천에 백랍과 수지를 섞은 방염제로 무늬를 그려 천을 염색한 다음 방염제를 제거하여 무늬만 남도록 하는 것.

통 건축군을 견학했다. 장강長江에서는 소원이었던 2,000년 전의 미녀(마왕퇴한묘馬王堆漢墓)를 대면하였으며 이때부터는 몸도 회복되었다. 계림桂林에서는 강을 내려가는 것도 6년 전에 이미 경험하였으므로 한번에 좡족壯族의 고향 용승으로 향했다.

용승龍勝에서의 수확은 뭐라 해도 좡족민거의 건설현장을 우연히 마주친 일이었다. 용승에 도착한 이튿날, 아침에 일어나 강 저쪽을 바라보니 사람들이 오각형 나무의 가구를 짊어지고 산 중턱으로 이동하고 있었다. '여기구나' 하고 생각하고 나룻배로 반대쪽 강기슭으로 건너가 현장에 닿은 것이 오전 9시, 그때부터 4시간 동안 일의 진전이 빠르게 진행되어 순식간에 도리칸 3칸의 대가구가 완성되었다. 네 모퉁이의 건물 측면을 미리 짜두고 그것을 인해전술로 소정의 위치로 이동시켜 도리를 걸었다. 여기서도 쇠붙이는 전혀 사용하지 않고 모두 부재를 끼워 맞추는 관구조貫構造였다. 특히 구조를 짜맞추기 위해 기둥 위로 올라가는 교묘함은 사람의 기술이라고는 생각되지 않았다. 공사를 하는 사람들의 조직은 일종의 두레와 같아서 대목棟梁(목수의 우두머리)으로 보이는 사람의 지시에 따라서 마을 청년들이 일을 척척 한다고 하고 싶지만, 모두 어떻게 하면 꾀를 피울까 하고 대목이 잠깐 한눈을 팔면 모닥불 주위에 모이는 형편이었다.

상량식이 끝날 무렵에는 우리들의 몸이 얼어붙어 가만히 있을 수가 없었다. 그래서 다음으로 찾은 것은 실제 완성되어 사람들이 살고 있는 민거였다. 좡족민거는 고상식*高床式으로 1층을 창고, 축사, 화장실로 하고, 2층을 거실로 사용한다. 내가 본 것은 2층에 화로가 있는 것으로 그 곁에 청가청淸家淸 선생이 발명한 것으로 생각되는 이동식 다다미가 있는 것에 놀랐다. 그날

---

* 고상식. 일종의 다락식 집으로 된 것을 고상식이라 하고 토상土床의 집을 저상식이라 한다.

용승龍勝 좡족壯族의 고상식 주거 공사 장면

밤 나도 모르게 개고기를 먹고 말았다.

　서안을 떠난 지 10일째, 설사는 멎었으나 체력의 소모가 심했다. 그러나 이곳까지 온 김에 삼강三江에 있는 통족 최대의 목조 교풍우교橋風雨橋, 일명 정양교程陽橋를 보지 않으면 온 보람이 없다. 이튿날 삼강의 시내에 도착하였으나 목적지인 임계林溪 정양교, 그리고 마반고루馬胖鼓樓에 가는 버스는 없었다. 사람으로 혼잡한 곳을 보고 있으려니 작은 승합트럭이 있어서 즉시 달려가 운전사와 교섭을 해서 90원에 다음날 하루 전세내기로 하였다.

　그런데 다음날 약속대로 아침 8시 10분 운전사 집을 찾았으나 그의 부인이 "다른 일로 나갔어요." 하고 말하는 것이었다. 기다리기를 1시간 반, 운전사가 동료 한사람을 데리고 나타났다. 첫마디가 "식사를 하고 난 다음 출발합시다." 하는 것이어서 어쩔 수 없이 나도 아침 식사대접을 받았다. 이미 우리는 상대의 페이스에 매달릴 수밖에 도리가 없었다.

　10시 10분 정양교에 도착했다. 상상했던 것보다 몹시 요란했다. 들리는 바로는 1983년에 홍수로 유실되어 수리한 지 얼마 되지 않았다는 것이다. 그렇더라도 규모는 거대해서 전체 길이 80m에 누각과 지붕이 딸린 목조다리였다. 5개의 누각은 중앙에서부터 육모지붕, 우진각지붕, 팔작지붕으로 지붕 형식을 바꾸었다. 각이 많은 쪽이 그만큼 시공도 어렵기 때문에, 본인의 느낌으로는 중앙에 장식의 중점을 두어 안정감 있게 보였다. 교형*橋桁은 5개의 다리기둥으로부터 지름이 1m나 되는 둥굴고 두꺼운 나무가 밑에서 떠받치고 있었다. 다리기둥 위에 우물 모양으로 짜여진 교형의 틈새는 사람들이 산에서 잘라낸 통나무의 보관 장소가 되기도 한다. 고루와 마찬가지로 풍우교도 통족 구성원간의 결속의 상징이다.

---

* 교형. 다리 기둥 위에 걸쳐서 다리의 바닥판을 지탱해 주는 도리.

삼강三江 마반고루

  1시간이나 다리 위를 왔다갔다하자 운전수들이 "이제 그만 가지 않으면 밤까지 돌아가지 못하니까 서두릅시다."고 말하여 하는 수 없이 다음 목표인 마반의 고루로 향했다. 길을 가는 도중에 몇 개의 통족 취락을 목격하였으나 방어를 위한 것인지 모두 취락의 2면 또는 3면이 강으로 둘러싸여 있었다. 그리고 취락으로 가기 위해서는 반드시 풍우교風雨橋를 지나지 않으면 안 되었다.

  팔강八江이라는 마을에서 점심을 먹었다. 운전사가 "이곳에는 식당이 있기는 하지만 가만히 있으면 무엇을 먹게 될지 모른다."고 말하면서, 시장에서 재료를 구입하여 근처 식당의 주방으로 서슴없이 들어가 직접 요리를 했다. 식당의 주인도 별로 불만스러운 표정이 아니었다. 이 같은 일은 이해하기 어려웠는데 어쨌든 그는 뛰어난 요리사였다. 2시 30분경 마반에 도착했다. 강변으로 고루가 보였는데, 높이는 그다지 높지 않고 옆으로 벌어진 형태였다. 개리에서 본 것은 17층으로 높은 것도 있었으나 밑이 필로티(독립기둥이 늘어선 바람이 통하는 공간)이고, 그 실루엣이 후지산富士山을 위로 팽팽하게 당긴 느낌으로 몹시 긴장되어 있었으나 몹시 묵직한 느낌이었다. 이에 반해서 마반 고루는 9층으로 지붕 처마선은 모두 방형 - 개리의 것은 밑의 2층만 방형이고 위는 팔각형 - 에서 각층의 지붕 끝을 이으면 일직선이 된다. 즉 피라미드형이 되는 것이다. 게다가 밑은 필로티가 아니고 판자벽으로 둘러싸여 있었다. 같은 통족이라도 성省 경계(귀주貴州와 광서廣西 좡족壯族 자치구)를 넘으면 이렇게도 다른 것인가 하고 이상하게 느껴졌다.

운전사가 목이 마르다고 하여 근처 민가에 들어갔다. 이 통족의 집은 용승에서 본 좡족의 것과 같은 고상식高床式으로 1층이 창고, 축사, 화장실이고, 2층이 베란다와 거실, 지붕 속에 방이 있는 3층을 침실로 하고 있었다. 우리는 그들이 화로에 둘러앉아 감주甘酒 같은 것을 마시고 있는 사이에 간단한 실측을 했는데 방의 배치를 보고 깜짝 놀랐다. 르 코르뷔제가 표방한 현대건축의 5원칙*가운데 평면에 대한 "독립된 기둥, 골조와 벽의 기능적 독립, 자유로운 평면"을 훌륭하게 구현하고 있었다.

이 부근 통족 주거의 2층 도로 쪽 벽에는 거의 대부분 지름 20㎝ 정도의 둥그런 구멍이 뚫려 있었다. 이것은 유아를 위한 창이라고 한다. 그렇게 듣고 건너 쪽에서 다시 그 파사드**를 바라보자 정말 아늑함이 스며 나오고 있었다. 아이들 이야기가 나와서 하는 말이지만 삼강으로 돌아오는 도중 학교에서 집으로 돌아가는 아이들이 모두 끈에 맨 빈 깡통을 빙글빙글 돌리고 있었

---

* 5원칙. 르 코르뷔제가 1926년 주장한 것으로 첫째, 자유로운 평면, 둘째, 자유로운 입면, 셋째, 수평띠창, 넷째, 옥상정원, 다섯째, 필로티이다.
** 파사드. 주로 건물의 외부 정면을 말하나 때때로 건축적이나 장식적인 상세에 의한 우수한 면을 다른 면과 구별할 경우에도 사용된다.

다. 운전사에게 물었더니 거기에다 석탄을 넣어 학교에서 각자의 난로로 사용한다고 했다. 즉 휴대용 난로였다. 운전사가 마지막으로 "그들은 가난하다."고 말했다. 이렇게 아름다운 자연의 혜택을 받고 있음에도 불구하고 말이다.

1월 27일 아침 7시 30분 드디어 해남도를 향해 삼강을 출발했다. 유주柳州를 경유하여 담강湛江에 닿은 것이 1월 29일 아침 7시였다. 이곳에서부터 일본제의 소형버스에 타고 중국대륙 남단의 해안海安까지 4시간이 걸린다. 표 파는 아가씨에게 11원 - 나의 생각으로는 비쌌다. 실제로 이 가격을 듣고 내 뒤에서 타려고 했던 노인은 격노했다 - 을 건네자 "셰셰(감사합니다)"라고 대답했다. 평소 상점 등에서 무뚝뚝한 태도를 보이는 점원에게서 거스름돈을 받고 있었던 나로서는 뜻하지 않게 인사를 하고 말았다.

1월 29일 오후 1시, 드디어 중국대륙에서 벗어났다. 선상에서 더 이상 참을 수 없어서 서안에서부터 애용해온 작업복을 벗어버렸다. 오후 2시, 해남도의 입구 항인 해구에 도착했다. 이 뒤로는 완전히 건축에 관한 것은 잊어버리고 해남도 남단 삼아의 해변에서 멍한 나날을 보냈다. 어느 정도인가 하면 나는 원래 안정되지 못한 성격으로 잠시도 가만있지 못하고 무엇이든 봐야하는 편인데 이때만은 얼마나 아무것도 하는 일 없이 지낼 수 있느냐를 시험해 보고 싶은 생각이 들었다. 이런 기분은 태어나서 처음이 아니었을까.

야시로 카츄히코 八代克彦

곤명昆明(쿤밍), 건수建水(첸쇼이), 대리大理(따리), 여강麗江(리장)

해남도에서 아무것도 하는 일 없이 바다만 바라보고 지내고 있으면 단 일주일 만에 사람은 조금 변하는 것 같다. 이대로 이곳에서 나머지 유학기간을 지낼까 하고 진지하게 생각하기 시작했던 것이다. 그러나 주위의 외국인 여행자로 이곳에 1개월 이상 있는 친구들을 보면 나사가 빠진 듯 모두 입을 반은 벌리고 있고 얼굴의 근육이 완전히 풀려 있었다. 이래서는 안 된다고 생각하는 것이 또한 나의 단점이라고 인정하면서도 어쨌든 출발을 결심했다.

상해로 갈까 하고 생각하였으나 여행자들의 얘기에 따르면 상해는 그 당시 간염이 맹위를 떨치고 있어 여행하기가 위험하다고 했다. 게다가 일본인 수학여행의 열차사고도 겹쳐 불길했었다. 이와 같은 일로 상해와는 반대방향이고 또 이제는 추운 곳에 가고 싶지 않은 기분이어서 운남雲南(윈난)의 서쌍판납西雙版納(시샹판나) 부근을 아무 생각 없이 머리에 떠올리며 해남도를 뒤로 하였다.

우선 곤명에 도착해 민항기 사무소로 가서 서쌍판납(사모思茅)행 항공편을 잡으려고 하였지만 없다는 것이었다. 정말 없느냐고 묻자 대답 대신 창구를 닫아버렸다. 주위의 사람들에게 물어보아도 정말 없다는 것이었다. 하는 수 없이 다음과 같은 경로를 취하기로 했다.

곤명昆明-옥계玉溪-통해通海-건수建水-곤명-대리大理-여강麗江-서창西昌-성도成都-서안西安.

해남도에서 일주일, 그 이후 건축은 10% 정도로 하고 생동감 있는 것을 90%로 하여 극히 자연스럽게 바뀌어서 일기도 제대로 쓰지 않았다. 이하의 글은 생각나는 대로 각지의 인상을 써 본 것이다.

- 곤명昆明(쿤밍)

곤명 동남의 노남路南에 있는 관광지 석림石林(스린)으로 갔다. 소의 행렬에 앞서가던 버스가 급브레이크를 밟았다. 내가 탄 버스의 브레이크는 말을

통해민거通海民居(위)와 건수쌍룡교建水雙龍橋(아래)

듣지 않아 앞 버스와 충돌했다. 버스 정면 유리는 깨지고 말았다. 그러나 그대로 왕복 9시간 운남雲南의 대지를 폭주했다. 석림에서 사니족撒尼族의 일과인一夥印*으로 속칭되는 중정 주택을 견학했다.

• 통해通海(통하이)

풍수적 견지에서 보면 남북 모두 반대의 지형이었다. 즉 남고북저南高北低형이었다. 그러나 이곳은 북회귀선 바로 가까이에 있어 태양은 거의 정중앙 위에 오게 되어 북고남저는 무의미한 것인지도 모른다. 인간적인 도시의 스케일과 차분한 시가의 분위기, 이 도시는 꼭 다시 한 번 방문하고 싶었다.

---

* 일과인. 이 종류의 주택 형태가 인감印鑑과 같이 정사각형인 것에서 일과인으로 불리운다.

대리大理 바이족白族 민거 대문 상부의 장식

• 건수建水(첸쇼이)

쌍룡교雙龍橋(속칭 17공)를 기대하였는데 다리의 인상보다도 식당 바로 앞에서 소를 도살하는 데 깜짝 놀랐다. 그 광경을 보면서 젓가락을 부지런히 움직이는 사람들을 보고 또다시 놀랐다.

• 대리大理(따리)

앞선 여행에서는(1985년) 남쪽의 하관下關에 숙박하였으므로 이번에는 대리 옛 성안의 제2 초대소에 숙박하기로 하였다. 근처에 대리석 욕탕이 있고, 맛사지까지 딸려 3원이 조금 넘었다. 매일 다녔다. 2월 17일은 그 해의 옛 정월 초하루였다. 이해 洱海(얼하이) 동쪽 언덕의 바이족白族의 마을에서 용띠에 관련된 용의 춤을 볼 수 있다고 하여 건너갔지만 그런 것은 없다고 했

대리의 북쪽, 창산蒼山 기슭에 우뚝 솟은 세 탑

다. 여행 지도원인 중국 청년을 비난하여도 소용이 없었다. 선내에서 점심이 나왔는데 사용한 물은 호수의 물이었고, 또한 배수도 호수에 했다. 이미 먹은 뒤의 배수였으므로 문제 삼을 수는 없었다.

• 여강麗江(리장)

나시족納西族의 도시. 눈으로 덮여 있는 옥룡설산玉龍雪山(5,596m)을 수원水源으로 하는 맑은 물이 흐르는 옥룡수가 옛 성안을 세 줄기의 작은 강으로 나뉘어 흐른다. 옛 성안의 중심광장 사방가四方街에서 현지의 특산품인 자물쇠를 구입했다. 현지의 민거는 흙과 나무의 혼합구조로 기와지붕을 하고 있었다. 외관으로 미루어 장족壯族과 통족의 1층 부분을 적갈색의 토벽으로 둘러싼 것이 아닐까? 그 내부를 보지 못한 것이 유감이었다. 이곳도 평생 살고 싶을 정도로 대자연의 혜택을 입고 있는 도시였다. 옛 성 북쪽 새로운 시가에 터무니없이 거대한 상자형의 현대 건축물이 도시의 심벌 옥룡설산 앞에 세워진 것이 유감이었다.

• 서창西昌(시창)

서안을 기점으로 하는 실크로드는 알려져 있으나, 남쪽에도 사천에서 운남을 거쳐 인도로 빠지는 실크로드가 4세기 무렵에는 개통되었다고 한다. 서창은 성도에서 대리로 향하는 영관도상靈關道上의 중계지이다. 대리에서는 의빈宜賓으로부터의 오척도五尺道가 합류한다. 서창 옛 성의 남문에서 들어가 곧바로 나타나는 남쪽 시가지는 예로부터의 시가지로 활기에 넘쳤다. 옛 성 남쪽에는 공해(호수)가 퍼져 있었다.

2월 28일 서안으로 돌아온 날은 또다시 많은 눈이 내렸다. 학교의 외사과 *外事科에 보고하러 가면 당신 같은 사람이 당장 동북지방에 가야 한다고 말한다. 동북은 산불로 대단히 어려움을 겪고 있다는 것이었다.

야시로 카츄히코 八代克彦

서쌍판납西雙版納(시솽판나)

운남성의 성도省都 곤명에서 서쌍판납으로 가기 위해 하늘의 출입구가 되는 사모思茅(스마오)를 향해 날아갔다. 우리가 탄 비행기는 프로펠러가 두 개 달린 소형 비행기로 비가 오면 반드시 결항한다고 들었던 노선인 만큼 한참 우기인 8월에 예정대로 정각에 비행할 수 있었던 것은 상당한 행운이었다.

---

* 외사과. 외국, 외국인에 관한 일을 맡아보는 과

물론 육로가 없었던 것은 아니었으나 사모까지는 500㎞, 험준한 산악도로와 낭떠러지의 길이 연속되는 험난한 길이어서 하루는 걸린다. 더구나 목적지인 서쌍판납은 사모에서 더욱 더 들어간 160㎞의 산길을 따라 차로 4시간이 더 걸린다. 우리의 답사 계획은 시간이 한정된 여행이므로 만일 결항이라도 하게 되는 날이면 남국의 낙원인 서쌍판납으로의 여행은 체념할 수밖에 없었다.

그런데 서쌍판납이라는 지명은 타이족傣族의 언어인 시프손판나에 한자를 맞춘 것이다. 시프손은 12를 뜻하고 판나는 옛 행정단위의 명칭이라고 한다. 즉 12개의 지역사회가 있는 지방이라는 뜻이 된다. 오늘날의 서쌍판납은 경홍현景洪縣, 맹해현勐海縣, 맹석현勐腊縣,의 세 현으로 이루어지는 자치주로서 정식 명칭으로는 운남성 서쌍판납 타이족 자치주가 된다. 인구 약 65만으로 그 구성은 타이족이 3분의 1, 한족이 3분의 1, 그 밖에 하니족哈尼族, 라후족拉祜族, 지눠족基諾族 등 10개 이상 소수민족의 합계가 3분의 1로 구성되어 있다.

그건 그렇고 산악지대 기류의 혼란인가 기체가 자주 흔들렸다. 뒤쪽의 손님이 들고 탄 바구니 속의 닭이 기체가 상하로 움직일 때면 펄떡거려 시끄러웠다. 날개가 있는 동물인데 비행기에 태운다는 것은 과보호가 아닐까 등등 바보 같은 농담을 하면서도 나도 모르게 좌석의 팔걸이를 꼭 잡고 있었다.

사계절 봄과 같은 고원도시 곤명에서 300㎞ 조금 넘게 남하하고 게다가 표고도 600m나 낮기 때문에 이곳 사모는 상당히 습하고 무더운 일본의 여름을 방불케 했다. 우리는 초대소에서 점심을 먹은 다음 곤명에서 미얀마 국경으로 통하는 '곤락공로 昆洛公路'의 남으로 향했다. 추수가 막 시작된 전원의 풍경은 황토고원의 메마른 대지만 보아온 본인의 눈에는 왠지 그립고 어릴 적 시골의 경치를 생각나게 했다. 사모를 출발한 지 1시간이 지나 자치주

맹해현 타이족 민거

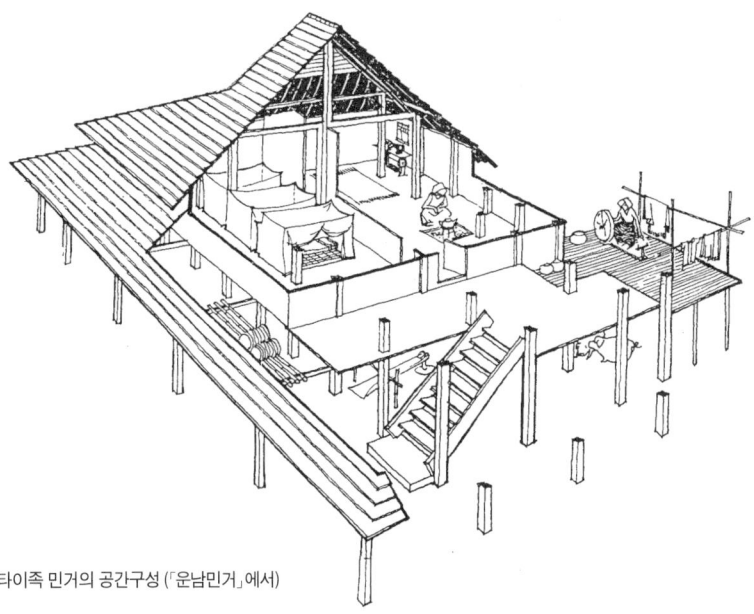

타이족 민거의 공간구성 (「운남민거」에서)

와의 경계인 검문소를 통과하고 마침내 조엽수림照葉樹林의 산악 민족지대에 도착했다. 일본인 생활문화의 기층이 된다는 이른바 조엽수림문화의 중심 지역이었다. 이 조엽수림이라는 말을 '대사전(光辭苑)'에서 찾아보면 아열대에서 난온대에 걸쳐 볼 수 있는 상록광엽수를 주로 한 수림으로 일반적으로 잎은 검은 초록색으로 가죽처럼 질기고 털이 없으며, 광택이 있다고 되어 있다. 즉 조엽수림은 한때 일본에서 자주 볼 수 있었던 떡갈나무, 메밀잣밤나무, 녹나무, 동백나무 등의 숲이다.

도중 약간 하늘로 시야가 열린 고개에서 한숨쉬고 다시 달렸다. 조엽수림의 산속을 누비는 이 길은 구불거리는 길의 연속이었고 핸들을 꺾을 때마다 몸이 좌우로 크게 흔들리고 차가 튕겨져 천장에 머리를 부딪칠 때도 있었다. 오전 중 하늘에서 서늘해진 간담을 오후에는 지상에서 뒤흔들어 뜨겁게 달아오르게 하는 것 같았다. 우리는 도원경이라든가 지상의 낙원 등으로 불리는 별천지에 당도하기 위해서는 다소의 어려움은 피할 수 없을는지도 모른다고 서로를 위로했다. 우리가 지나는 산의 경사면에는 화전의 자리가 많이 나타났다. 일본에서는 거의 볼 수 없게 된 화전농경도 이 부근의 소수민족에게 있어서는 지금도 생업의 기반이 되는 것이었다.

머리 위에 있던 태양도 어느새 서쪽으로 기울고, 차 안으로 들어오는 바람에도 어느 정도 신선함을 느끼기 시작할 무렵 우리 일행은 겨우 산길을 빠져 서쌍판납의 분지로 나왔다. 이모작의 2번째로 들어간 때문인지 녹색의 논이 넓게 펼쳐져 있었다. 이윽고 우리는 팔작지붕과 유사한 지붕들로 이어지고 있는 취락에 도착했다. 타이족의 마을이었다. 나는 처음으로 "죽루竹樓"로 불리는 전통적 주거를 눈앞에서 보았다. 이것은 목조의 고상식 건축으로 상당히 큰 가옥이었다. 마루의 높이는 2m 전후로 사람은 위에서 살고 바람이 통하는 마루 밑은 창고와 가축의 축사로 되어 있었다. 창이 없는 판

하니족의 고상주거 하니족의 대나무 뗏목

자로 된 벽과 넓은 베란다, 여기에 튀어나온 발코니풍의 노대*露台, 팔작지붕 모습의 커다란 지붕은 베란다에 채광과 통풍을 얻기 위한 목적도 있어서인지 커다란 지붕 형식이었고 슬레이트 모양의 얇은 기와를 덮었다. 해방 이전에는 풀로 지붕을 덮고, 기둥도 들보도 벽도 마루도 모두 대나무로 만들어진 글자 그대로의 죽루도 오늘날에는 구조재로서 대나무를 사용하는 일은 거의 없다.

오후 6시 메콩강 상류의 난창강瀾滄江,에 걸려 있는 긴 다리를 건너 해질녘 남국의 도시 윤경홍允景洪에 길을 물어가며 겨우 도착했다. 숙소로는 경홍현景洪縣 초대소가 할당되었다. 이 초대소는 야자나무와 부겐빌리야 등의 열대식물이 무성한 대지 안에 2층으로 구성된 다소 품격 있는 숙박건물이 드

---

* 노대. 로다이露台. 일종의 발코니로 지붕이 없다.

서남西南, 소수민족의 세계로 171

문드문 있어 남국의 정서가 풍부한 초대소였다. 이국적인 타이족 여성 종업원, 신선한 남국의 과일, 그리고 야자 잎의 실루엣 너머로 하늘 가득히 반짝이는 별과 너무 지나친 휴식 기분에 이곳이 중국의 지도에 있다는 것이 이상하게 생각되었다. 물론 서역과 티벳에서도 그랬었지만 소수민족의 세계로 들어가 보면 그 생활, 문화, 풍속, 풍습 어느 것을 들더라도 이른바 '한족의 중국'과는 상당히 거리가 먼 것을 느끼게 된다. 그러한 위화감이 지도상에 그어진 국경선의 근거를 탐색하도록 하는 것이다.

　이와 관련해서 서쌍판납이 처음으로 중국의 정사正史에 등장한 것은 원대元代이다. 그 뒤 정치적으로는 중국 왕조 하에 있었을지라도 지리적으로도, 민족적으로도 거리가 있었던 한족의 영토보다는 국경을 접하고 있는 미얀마, 라오스, 게다가 다른 동남아시아 제국의 타이계 민족과의 교류가 더 많았고 문화적인 영향도 더욱 강하게 받고 있다. 일례를 들면 타이족의 생활에 뿌리 깊게 남아 있는 소승불교도 15세기 무렵 북부 타이의 첸마이를 통하여 전래된 것이다.

　아침 안개 속 번화가의 새벽시장은 이미 활기를 띠고 있었다. 새벽시장의 길가에는 가로수의 종려나무 잎과 그 배후의 건물 등 모든 것이 윤곽을 드러내지 않고 있는 가운데 타이족 여성의 민족의상과 오가는 승려의 노란 의상만이 그 빛을 돋보이게 하고 있었다. 또한 노상에는 야채, 과일, 육류, 두부, 손으로 짠 천, 죽롱*竹籠, 은세공 그리고 칫솔, 비누, 라디오, 카세트, 자전거의 부품 등 갖가지 물건이 진열됐다. 거리를 한바퀴 돌아보면 기본적으로 타이족은 농작물과 그 가공품을, 하니족 등 산악 민족은 산채와 자신들이 직접 만든 공예품을, 한족은 일용품을 주로 한 잡화류 등 각각 다루는 물품이 정해

* 죽롱. 대나무로 만든 농
** 치마끼. 나뭇잎에 싸서 찐 일종의 찹쌀떡으로 중국인 거리에 가면 이 속에 밥을 넣은 것도 있다.

져 있는 것처럼 보였고, 이곳에서 이 지방 경제의 구조를 약간 엿볼 수 있어서 즐거웠다. 초대소로 돌아오는 길에 타이족의 노인에게서 산 치마끼**의 맛은 조엽수림 문화의 하나에 접한 것 같은 정겨운 맛이 있었다.

아침 식사 후 윤경홍의 서쪽 54km의 맹해로 향했다. 가는 도중 하니족의 취락에 들르게 되어 차를 두고 난창강(란창강)의 지류를 대나무 뗏목으로 건넜다. 황적색의 물은 흐름이 빨라 우기雨期 때의 강의 표정을 보이고 있었다. 우리는 기슭에서 취락으로 통하는 유일한 산길을 10분 정도 오르자 49세대 307명이 산다는 반랍촌斑拉村에 도착했다. 이 마을은 짙은 푸르름 속에 개척된 작은 황적색의 약간 높은 대지에 기와 또는 초가로 팔작지붕과 유사한 형태의 지붕을 덮은 고상식 주거의 취락이었다. 주거의 외관은 타이족의 죽루와 매우 유사했는데, 남녀가 분리된 방의 배치와 오늘날 타이족의 주거와는 달리 작은 지붕의 치기*** 千木에서 그 차이를 보았다. 그보다도 초가의 팔작지붕에 치기가 있고, 모옥**** 母屋과 노대露台로 이루어지는 고상주거가 되면, 일본 고대건축의 초창기 형태를 상기시키는 주거라고 떠들어대면서 북부 타이 산악 소수민족인 아카족의 주거를 떠올렸다. 뒤의 조사로 밝혀진 것인데 타이의 아카족은 운남의 하니족이 떨어져 남하한 같은 민족이었다.

그러나 하니족의 주거 모두가 고상식이라는 것은 아니다. 중국공업출판사가 발행한 『운남민거』를 보면, 사모의 북동 약 100km 부근을 흐르는 홍하紅河 일대에 분포하는 하니족의 주거는 목조로 뼈대를 만든 후 흙벽돌을 쌓은 2층 건물로 어딘가 모르게 티벳족의 주거에 마룻대와 맞배지붕을 덮은 것 같은 형태로 보인다. 하니족의 뿌리가 고대 중국 서부에 이르는 창족羌族의 한 분파로 일컬어지고 있는 만큼 고상식의 주거보다는 홍하일대에서 볼 수

*** 치기. 일본 진자神社건축에 있어 지붕 위의 양끝에 X자형으로 짜서 돌출시킨 부재
**** 모옥. 모야母屋. 집에서 가장 중요한 방이나 건물

경홍景洪 타이족의 고상주거

넓은 툇마루 공간에서 휴식을 취하는 타이족의 소녀 (촬영 / 大野隆造)

있는 것과 같은 흙벽돌로 에워싸인 주거가 그들 본래의 주거형태에 가까운 것이 아닌가 생각되었다.

건축가이자 문화인류학자인 아모스 라포포트Amos Rapoport 교수의 말을 빌리면 주거의 기능과 형태의 결정에는 기후풍토와 사회환경 등 여러 가지 요인 가운데 어떤 가치기준에 바탕을 둔 건축자의 선택이 크게 관련되어 있다고 한다. 그렇다면 반랍촌의 하니족은 이전 주민인 타이족의 죽루竹樓를 이 땅의 최적의 주거로 인정하고 그 형식을 적극적으로 받아들인 것이라 할 수 있다. 결국 민족의 전통보다도 지역에 적합한 기능의 합리성을 우선적으로 고려하여 선택했다고도 할 수 있다. 그러나 반랍촌 부근의 산간에 사는 라후족의 주거에는 그 선택 요인이 무엇인지 밝혀진 것이 없다. 이 주거는 초가지붕에 흙벽돌로 된 단층 건물로 실내의 바닥이 흙으로 되어 있고 입구 이외에는 창도 없다. 아열대기후로 우량도 많은 이 지방의 주거로서는 아무리 생각해도 쾌적하다고는 생각되지 않았다. 라후족의 전통적 주거형식은 간란干蘭(고상식) 건축으로 알고 있었으나 이와는 달리 흙바닥에서 생활하고 있는 모습에 나는 그 이유가 무엇인지 이해할 수 없었다.

서쌍판납의 지명에서 자주 볼 수 있는 맹勐과 만曼은 타이족 언어로 분지와 마을이란 뜻이다. 따라서 맹해란 '바다와 같은 분지'라는 뜻이 된다. 우리는 이 맹해의 서쪽으로 20km 떨어진 경진景眞에 있는 불교사원의 경당經堂 팔각정을 견학한 뒤 윤경홍允景洪 부근의 타이족 마을 만동曼董을 찾았다. 구릉지의 높은 곳에 세워진 불교사원 밑에 완만한 북사면의 등고선을 따라 형성된 팔작 기와지붕 모습의 고상식 주거가 통나무와 대나무로 짠 울타리로 둘러싸여 줄지어 있었다.

대략 41세대로 320명이 사는 취락은 타이족의 마을로서는 일반적인 규모인 것 같았다. 우리는 그 가운데 한 집인 아이싱 씨 집을 방문했다. 수십 개의 기둥*이 세워진 마루 밑에는 자전거와 농기구, 통나무와 땔감 등이 어지럽게 놓여졌고 돼지와 닭이 방목되고 있었다. 계단을 올라가 베란다풍의 넓은 툇마루로 나왔다. 대나무로 만든 긴 의자가 마련된 이 반 옥외공간은 외부와 실내와 노대露台를 잇는 완충공간이면서 또한 가족의 휴식장소이기도 했다. 또한 반으로 쪼갠 대나무를 가늘게 쪼개 조금씩 사이를 띄우면서 깐 바닥은 취사와 세탁 장소인 노대에도 사용되고 있었는데 물기가 있는 장소에는 안성맞춤의 바닥 재료였다.

실내는 두 개의 큰 방으로 구분되어 있어 거실과 침실로 사용되고 있었다. 강한 햇볕을 차단하기 위해서인지 창이 없고 벽과 바닥의 틈새로 들어오는 햇빛만 있어 상당히 어두웠다. 거실에는 화로가 놓여 있어 취사와 식사장소로도 이용된다. 그리고 대나무로 짠 깔개가 있는 침실에는 짜서 만든 흰 모기장이 여러 개 쳐 있었다. 침실을 구획하는 습관이 없었던 타이족은 한 가족이 같은 방에서 각자의 모기장 속에서 잔다고 한다.

우리 일행은 이튿날도 세 곳의 타이족 마을을 찾았다. 초대소 부근의 만경란曼景蘭과 만용관曼龍寬 게다가 난창강의 맞은편 언덕에 전개되는 만각曼閣이었다. 어떤 마을도 앞서의 만동曼董보다는 커다란 취락이었지만 거시적으로 보았을 때 불교사원과 죽루군으로 이루어지는 취락구성은 거의 같아서 죽루 그 자체의 형태도 기능도 그 마을 독자적인 스타일과 같은 것은 볼 수 없었다. 오히려 이런 차이가 없는 것이 타이족의 불교에 대한 신앙의 깊이와 전통을 지켜나가는 민족의 자랑을 나타낸 것으로도 불 수 있었다.

2주간에 걸친 황토고원의 야오동 조사를 마치고 느긋하게 관광기분으로

---

* 기둥. 여기에서의 기둥은 홋타테바시라掘建て柱. 주춧돌도 놓지 않고 그대로 땅을 파고 그 위에 세운 기둥

지내온 남국의 낙원도 돌이켜보면 취락을 찾아 동으로 서로 뛰어다닌 3일의 경과였다. 모처럼 중국대륙의 남쪽 끝까지 와 있으므로 무언가 다른 추억을 만들까 하고 낮잠 자는 시간을 이용하여 초대소 뒤를 흐르는 난창강으로 수영을 갔다. 예년 4월의 발수절潑水節(타이족의 정월 : 물뿌리기 축제)에 펼쳐지는 웅장한 보트 경주인 용선龍船 경쟁이 벌어지는 장소 부근이었다.

강의 너비는 100m 정도, 황토색의 혼탁한 물줄기 속에서 서너 명의 아이들이 물보라를 치고 있었다. 강기슭에서 30m 정도 헤엄쳐 물 흐름을 탔다. 한 번 저을 때마다 10m 이상씩 상상 이상의 속도로 아이들에게서 멀어져 갔다. 게다가 강기슭에서도 멀어져 가고 있는 것 같았다. 조금 걱정이 되어 강기슭을 향하여 헤엄쳐 갔다. 그러나 좀처럼 강기슭에 가까워지지 않아 초조했다. 오히려 더 멀어져 가고 있는 것 같은 기분이 들어 점점 더 초조해졌다. 점심시간에 마신 맥주에 취기가 올라 심장은 더욱 찢어질 듯 고동을 쳤고 팔도 지쳐 올라가질 않았다. 결국 벌렁 누워 필사적으로 발 운동만 되풀이 할 뿐이었다. 때마침 수몰되는 눈으로 올려다본 푸른 하늘이 더 없이 묘하게 아름다웠고 이대로 물 흐름에 몸을 맡기면 도대체 어디까지 갈까 하고 생각했다. 라오스, 타이, 캄보디아, 그렇지 않으면 베트남 그런 생각이 머리를 스쳐 지나갔다.

갑자기 머리와 어깨가 진흙에 닿았다. 살았다. 발로 물장구를 친 덕분에 강기슭에 닿은 것이었다. 두 다리가 모두 말을 듣지 않았으나 있는 힘을 다해 강변으로 기어 올라갔다. 아이들에게서 200m 이상이나 떠내려와 있었다. 목숨을 건 대하大河 메콩의 추억은 아마도 몇 년이 지나도 생생하게 되살아 날 것이다.

오랜 시간을 걸려 겨우 당도한 서쌍판납도 1990년 봄에는 윤경홍 교외에 비행장이 완성되고, 오늘날에는 곤명으로부터 직행 항공편도 있다고 한다.

중국의 비경이 또 하나 없어져 가고 있는 것 같아 마냥 기뻐할 수도 없었다.

나카자와 토시아키 中澤敏彰

객가客家(하카)의 마을, 매현梅縣

세계의 진귀한 주거는 과거에 많이 존재하고 있었다. 고상주거高床住居를 더욱 높게 한 수상주거樹上住居도 남미와 중국에 있었다. 오늘날에도 필리핀의 파라완섬, 파푸아뉴기니아, 솔로몬제도에는 남아 있다고 한다. 과거 인간의 촉감과 친숙했던 종이, 천, 풀, 벽돌, 돌에 의한 구성의 매력은 무기질화, 금속화가 진행되는 시대의 흐름 속에서 오히려 강하게 요구되고 있다.

지하주거인 야오동의 연구가 절정에 오른 1984년, 다음의 테마로 한민족의 주거로서는 또 하나의 불가사의로 평가되는 원환형圓環型 집합주거인 객가客家를 선택하고 중국건축학회와 협의를 하였다. 객가란 평화를 애호하는 몇몇 농민의 대가족집단이 중원中原의 전란을 피해 동남부로 이주해서 몇 겹의 수평 또는 수직으로 일족의 공동생활을 겹겹이 포개서 만든 마을로서 독특한 형태와 표현을 만들어냈다고 할 수 있다.

이런 우리의 연구 의욕에 항상 중국 측은 더 유명한 볼 만한 곳이 많이 있고 접대도 준비되어 있는데 왜 알려져 있지도 않고 외국인에게 개방되지 않는 곳으로 가려고 하는지 이해할 수 없다는 표정이었다. 또한 천안문 사건 이후 불온한 정보가 확산되지 않도록 외국인과 중국인 모두에게 항공요금과 열차요금을 배로 올렸는데 그런데도 왜 오느냐고 묻곤 했다.

비싼 여행임에도 불구하고(벌써 여행 경비를 생각하면 숨이 차오르는 느낌이지만) 우리가 이러한 곳을 방문하는 것은 지금의 일본이 요구하고 있고 언젠가는 현대화된 중국에도 재평가하게 되는 무엇인가가 있을 것이라는 믿음 때문이 아닐까 한다.

객가의 마을은 북쪽의 복건성福建省(푸젠성) 영정현永定縣에서 남쪽의 광동성廣東省(광둥성) 매현에 걸친 성의 경계에 분포하고 있다. 처음에는 북쪽의 복주福州(푸저우)에서 들어갈 예정을 세웠는데 북경 학회로부터의 연락으로는 길이 통하지 않는다고 하여 남쪽의 광주廣州(광저우)에서 지방 항공편을 이용하기로 했다. 흥녕興寧 공항 근처에서 우연히 창 아래를 내려다보니 끝없는 객가의 군락群落이 보였다. 우리는 조종사의 촬영허가를 받고 사진 몇 장을 찍었다.

깊은 산 속에서의 통역은 힘들다. 일본어로 물으니 통역이 북경어로, 두 번째 사람이 광동어로, 세 번째의 통역이 복건어로 겨우 통하고 같은 방법으로 되돌아오기 때문에 우리들로서는 한자독음과 그림으로 설명하는 편이 훨씬 이해하기가 빨랐다.

여느 때와 같이 첫 외국인이라는 열렬한 환영을 받으며 숙소로 들어갔을 때 본인은 바닥의 타일 모양을 보고 깜짝 놀랐다. 이탈리아 르네상스 건축의 디자인 가운데서도 현대에 통하는 착시효과의 첨부방법을 목격하여 나도 모르게 탄성을 지르고 만 것이다. 이후로 우리는 차로 몇 시간이나 걸려 객가의 집합주택을 찾았으나 건축적으로 훌륭한 객가주거는 찾지 못했다. 이듬해

정면에서 본 매현梅縣 객가客家 민거

객가客家 민거의 양원凉院으로 불리는 뒤뜰

도쿄예술대학의 시게키茂木 연구실이 이곳에 들어와 이 객가주거에 대해 어느 정도 정리를 한 것은 경축할 만한 일이다.

상해의 국제회의에서 동제同濟(통치) 대학의 선생으로부터 현지 출신 학생에 의한 복건성 남정현南靖縣의 멋진 객가주거의 실측도면집을 받았다. 철도도 정기버스도 없는 벽지에서만 가능한 도원경을 도면집으로 확인할 수 있어 기쁘기 한량 없었다. 현지인으로서는 당연한 일인지도 모르는 것이 타지역의 사람에게는 귀중한 발견이 될 수 있다. 살아가고 있는 한 그러한 공감을 미지의 친구들과도 공유하기를 바란다.

차타니 마사히로 茶谷正洋

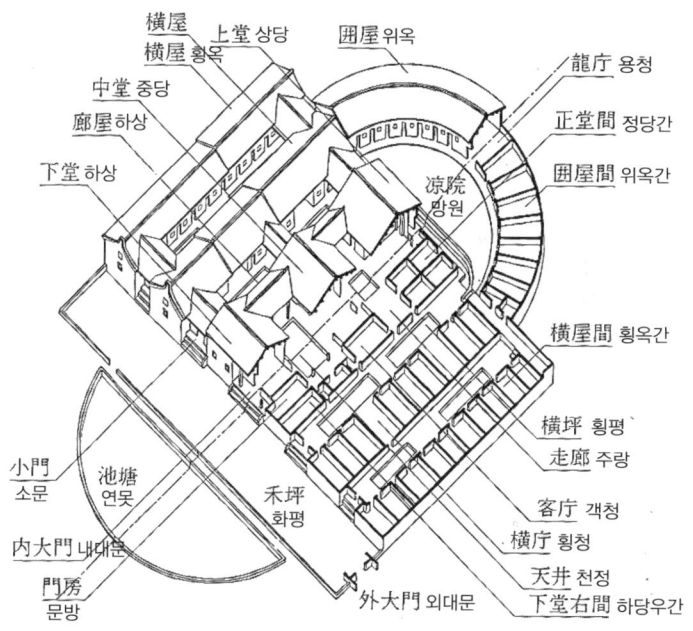

매현梅縣 객가민거의 공간구성도

작은 문과 양원涼院을 연결하는 천정군天井群

Chinese
Architecture

5

국제도시 상해上海(상하이)

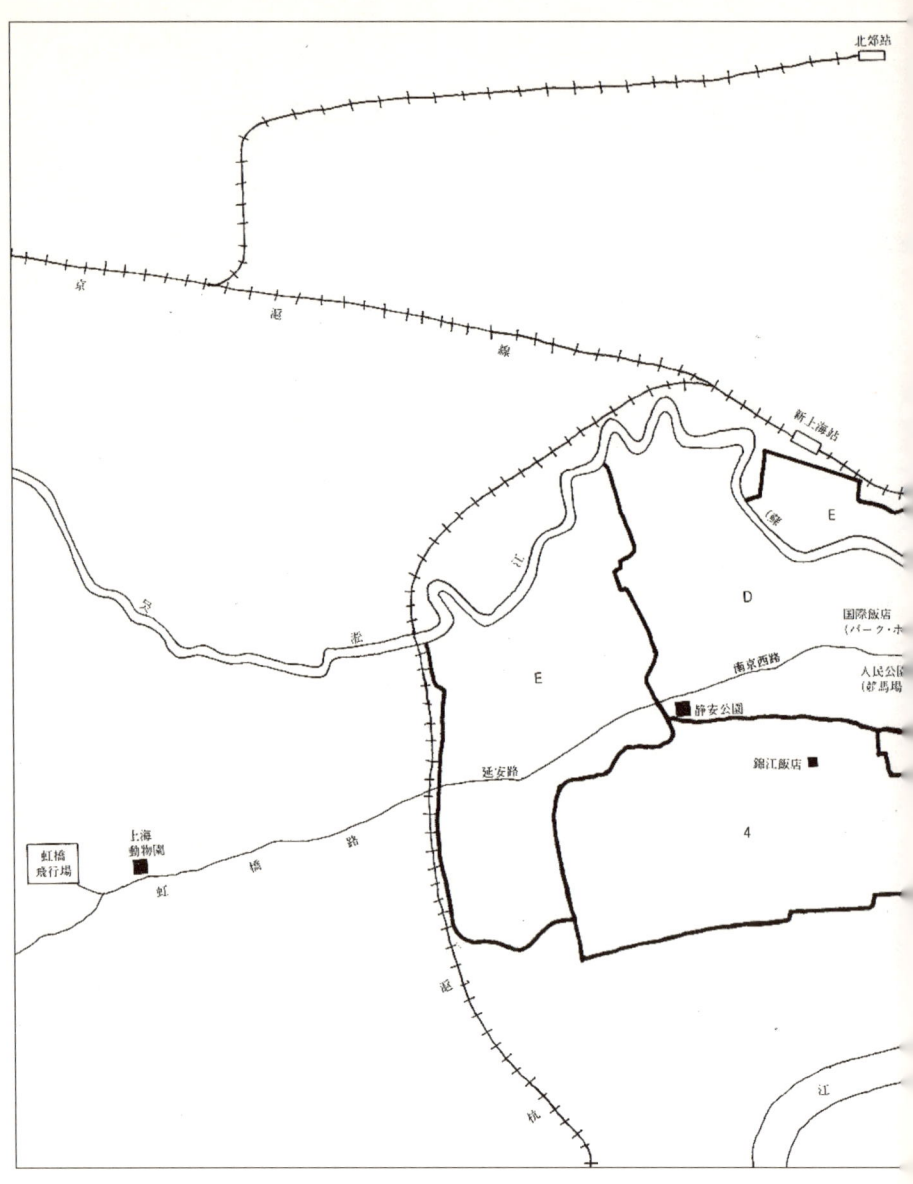

상해 조계租界 변천도

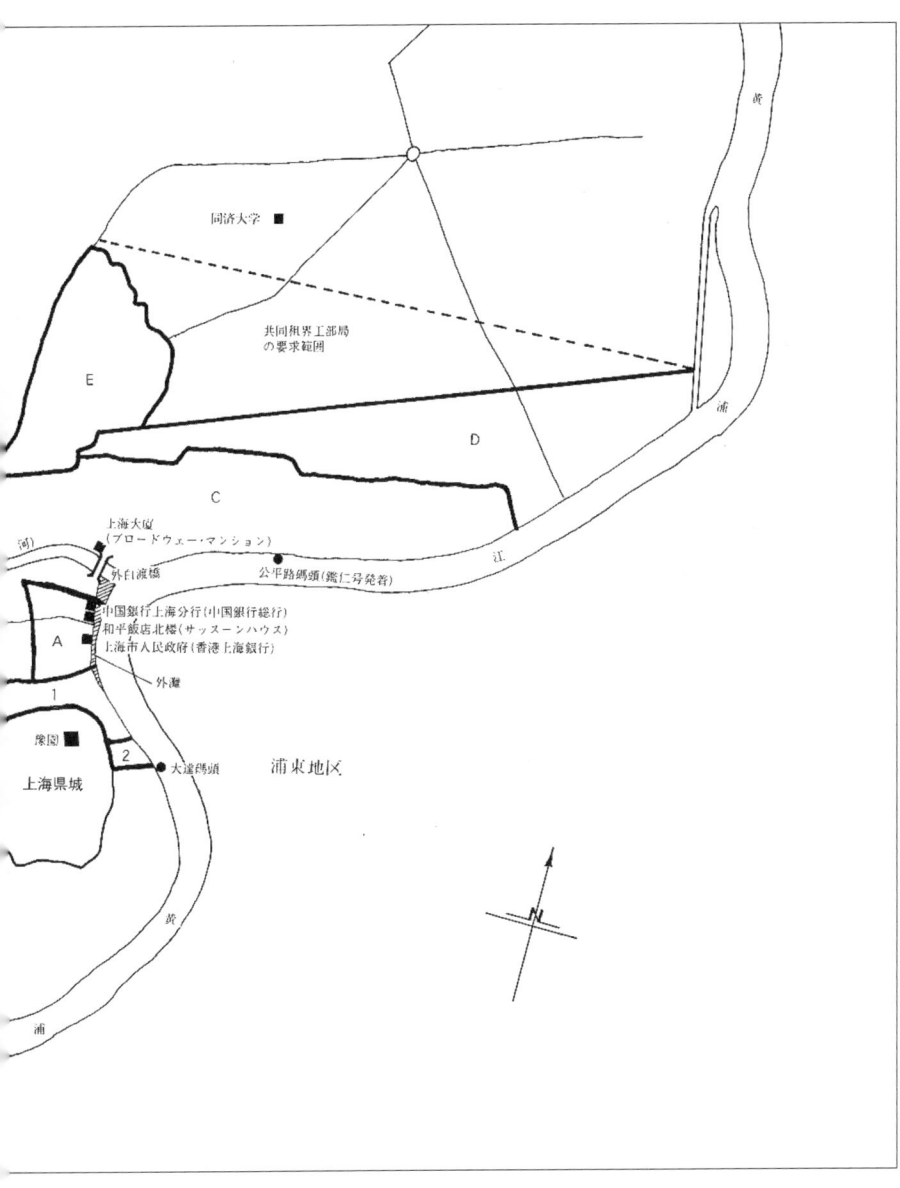

상해에 대한 것이라면 스티븐 스필버그 감독의 명화「태양의 제국」을 보아야 하겠기에 비디오숍에서 테이프를 빌렸고 도서관에서도 번역서를 빌려왔다. 저자 발라드Ballard 자신이 제2차 세계대전이 시작되고 끝날 때까지 부모와 떨어져서 11~16세 동안 상해 짐Jim으로 불리면서 살아간 이야기에 빠져 들었다. 이 무렵과 지금의 상해 풍경은 크게 바뀌지는 않았다.

육해공 어느 이동수단을 이용하든지 여행목적지의 숙소에 도착하기 전에 필요한 것이 상세한 시내지도이다. 중국에서의 지도 가격은 0.8~1.5원(30~50엔)으로 쌌다. 지도가 있으면 호텔에 도착하기까지의 큰 거리를 지도와 함께 보고 가는 동안에 여행 목적지의 방향감각과 그 도시의 스케일감을 파악할 수 있다. 하지만 이러한 것은 항상 뜻대로 되지는 않는다.

상해를 가기 위한 뱃길로 고베항神戶港에서 출발하는(오사카와 요코하마에서도)의 감진호鑑眞號(9,000톤)라면 꼭 2일 걸린다. 태풍의 여파도 남아 있었으나 예정대로 황해黃海(황하이, 동해東海)를 거쳐 양자강(장강長江)으로 갔다. 곧 지류인 황포강黃浦江(황푸강)으로 접어든 이른 새벽 갑판에서 멀리 왔구나 하고 감진을 그리워하면서 바라보는 대륙에 대한 느낌은 남다른 바가 있었다.

선착장은 남경로南京路 동단 거리의 상징적인 화평반점(구 캐세이호텔)에서 동쪽으로 2㎞ 떨어진 곳이었다. 도착은 언제나 어수선했다. 일본 방문은 비행기로 하고 뱃길로 해서 돌아오는 중국인의 귀국 모습은 친척으로부터도 부탁받은 것 같은 커다란 전자제품 상자를 여러 개 운반하고 있었고 그 정경이 한동안 계속되는 것에 나도 모르게 감탄하게 되었다. 또한 북쪽으로 3㎞ 떨어진 상해의 역에서는 중국에서 물건을 사러온 사람과 열차를 기다리는 열기 사이를 빠져나오는 가운데 우리들도 흥분된 기분이 되었다.

항공로를 이용한다면 서쪽 17㎞의 홍교虹橋 비행장에서부터 신축중인 고층빌딩 사이에 외국인 거류지였던 옛 조계*租界의 서양식 건물이 줄지어 있고 유럽의 잔영이 어슴푸레 보여 잠에 빠져 전경을 보지 못하면 손해다.

호텔에서 몸이 홀가분해지면 누구나 상점명이 들어있는 지도와 대조하면서 남경동로南京東路 2km 사이를 왕복한다. 남경로와 서장중로西藏中路의 교차점 모퉁이에 있는 상해 제일백화점의 사람 물결에 휩쓸려 교차점에 떠 있는 도넛 모양의 보도교에서 끊이지 않는 사람과 자동차의 흐름을 보고 있으면 과연 인구 1,300만의 도시이구나 하고 감탄하게 된다. 지도의 도로명이 동서로는 도시, 남북으로는 성省의 이름이 많은 것에 언뜻 생각이 미쳤으나 워싱턴에서도 경사진 큰 거리가 주州 이름인 것을 상기했다. 우리는 걷는 데 지쳐 잠깐 쉴 때 지도를 보면서 이야기꽃을 피우기도 했다.

이곳에서 방문할 명대의 유명한 정원인 예원豫園(위위엔)을 지도에서 발견하고, 인민로人民路와 중화로中華路에서 둥글게 에워싸고 있는 것은 성벽과 도랑이 있었던 노성老成 유적(1553년 축성, 1911년 붕괴)으로 읽을 수 있었다. 예상대로 혼잡한 많은 인파에 밀리면서 지그재그의 다리와 정자를 돌면서 울퉁불퉁한 돌을 쌓아올린 기이한 중국풍 명원名園은 몇 번을 보아도 역시 친근해지질 않았다. 우리는 이런 좁은 곳에서 연을 이용한 사진이 잘도 찍혔다고 탄복했다.

건장한 사람이면 걸어서 연안동로延安東路와 하남중로河南中路의 교차점에 있는 상해박물관에서 중국역사의 한 단면을 접하면 좋다.

온 중국을 돌아다니다가 상해의 이 부근에서 발견한 작은 목수 도구점을 본인은 언제나 방문한다. 직업상 어디에 가더라도 목수 도구에 관심을 가지고 있어 도구점에서 사용하고 있는 것조차 사기도 하여 컬렉션도 열었다. 일

---

* 조계. 제2차 세계대전 전에 중국의 개항 도시에서 외국인의 거류지로 개방되었던 치외법권 지역

지난날의 양관도 지금은 고밀도 주택이 되었다.

본의 톱과 대패는 당겨서 사용하는데 외국에서는 대부분 밀어서 사용한다. 언젠가 이 이상한 차이를 해명하고 싶어서 건축현장과 고도구점에서 재미있는 것을 찾고 있는 중이다.

서에서 북으로 퍼진 옛 조계租界의 가장 중심지에 위치하는 피스호텔의 11층 건물 북관北館은 재미있었다. 강에 면한 스위트룸에 묵었을 때에는 미술관의 전시실 같은 아르테코*(art deco)조의 분위기에 만족했다. 내가 묵은 호텔 1층의 매점 깊숙한 곳에 있는 커피숍은 밤마다 외국인 젊은이로 넘쳐났다. 맥주 한잔으로 버티면서 전쟁 전에도 연주했던 상해 올드보이즈 멤버에 의한 재즈 밴드의 귀를 찢는 듯한 음악소리를 들으면서 지난날의 분위기를

---

* 아르테코. 1925년 파리에서 개최된 현대장식미술 산업미술 국제전에 연유하여 붙여진 이름으로 흐르는 듯한 곡선을 쓰던 아르누보와는 대조적으로 기본 형태의 반복, 동심원, 지그재그 등 기하학적인 취향이 두드러짐.

만끽했다. 이 건물 최상층의 레스토랑도 멋진 전망과 함께 편안한 별천지로 생각되었다.

호텔에서 황포강을 따라 중산동로中山東路를 북으로 걸어서 바로 백도교 白度橋의 지류인 송강淞江(소주강蘇州江)에 당도했다. 한때 개들과 중국인 출입금지라고 써붙였던 외국계 백인 전용의 가든 브리지를 건너면 22층 건물의 상해대하上海大廈(구 브로드웨이 맨션, 1934년 축성, 옥상에서 사진을 찍으면 아주 좋다)가 우뚝 서 있다. 그리고 두 번째 서근西筋을 북으로 연장하는 사천북로四川北路 경계 모퉁이가 10만 명 정도의 일본인 조계(정식으로는 조계 바깥 도로 부속지)였다. 다음은 피스호텔을 남으로 저녁 무렵 연인들이 데이트를 즐기는 외탄공원外灘公園(통칭 반도공원)을 따라서 산책하면 시총공회市總工會, 상해도관(세관), 시 인민정부(구 홍콩 상해 회풍滙豊은행)와 유럽풍 파사드가 줄지어 늘어선 경관이 나오는데 가로수 때문에 잘 보이지는 않았다.

복주로福州路 모퉁이의 인민정부 건물은 자동소총을 든 경비가 있어 근접하기 어려웠다. 우리는 운 좋게 자매결연 도시 요코하마로부터의 참관 그룹과 함께 들어가 보았다. 원형 현관홀에서 원기둥의 열 사이를 스쳐지나가는 사람들의 움직임은 거울인가 싶었는데 반대편 로비로 들여다보이는 이탈리아적인(?) 착시효과였음을 알고 이 건물의 건축적 표현에 도취되었다. 우리는 이 건물이 동아시아 제1의 건축이라는 것에 수긍이 갔다.

1988년 국제회의를 틈타 미리 예정하였던 욕덕지浴德地(천진로 天津路 479호)로 떠났다. 우선 쇠붙이는 화상을 입게 되므로 반지를 빼고 사우나에서 숨을 돌리고 난 뒤 욕조 옆에 누웠다. 같은 알몸의 산스케三助 씨는 점잖게 때를 밀고 있었다. 우리는 대충 귓구멍부터 발끝까지 목욕을 끝내고 몸도 마음도 가볍게 남경동로로 떠났다.

당일치기로 서쪽으로 90km 떨어진, 천하의 명원名園을 한데 모아놓은 소

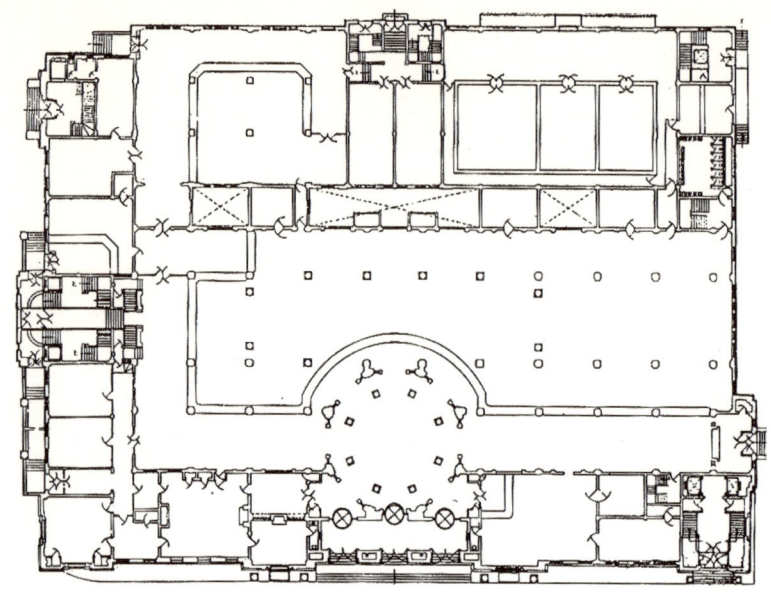

상해시 인민정부 (구 홍콩 상해 회풍은행, 「상해근대건축사고」에서)

주蘇州(쑤저우)로 달렸다. 비가 올 것 같기도 하고 세 사람이 일행이어서 비용도 쌌다. 호텔의 택시카운터에서 행선지의 경로와 시간과 요금을 운전사와 교섭한 끝에 예약하고 이튿날 아침 소주강을 따라 달렸다. 과연 대단한 물의 도시였다. 물가에 손을 적시기도 하고 태고교太鼓橋에서 배의 왕래를 바라보며 이곳에서 한 반나절쯤 소요하고 싶은 심정을 남기면서 떠났다. 돌아오는 길에 욕심을 부려 더욱 세밀한 강남의 맛을 동리同里와 주압周壓의 마을에서 찾고 싶었는데 미로와 같은 수로를 누비는 시간이 너무 부족했다. 소주의 북서 40km의 무석無錫과 태호太湖는 다음번 남경으로 갈 때 들리자고 마음먹었다. 상해 남서 200km의 항주杭州(항저우)와 서호西湖(시후)도 명소이다. 그곳에서 동으로 70km의 명주名酒로 알려진 소흥紹興(사오싱)이야말로 동양의 베

190 중국건축기행

소주蘇州의 작은 시내에 걸쳐진 안경다리 (촬영 / 野口昌夫)

소주 유원留園의 용을 올린 격벽隔壁 (촬영 / 野口昌夫)

국제도시 상해上海(상하이) 191

니스로 책에 소개되고 있어 언젠가 확인하기로 했다.

돌이켜 생각해보면 일본인은 지난날 중국에서 한 일을 모르고 여행하고 있다. 가혹한 일을 당한 중국인도 만났을 텐데 힐책당한 일은 한 번도 없었다. 중국은 세계의 중심이라는 중화사상의 덕택인지도 모른다. 중국으로부터 제2차 세계대전의 배상을 청구당하지 않은 것도 그 때문인가 하고 생각하니 역시 중국인은 대인大人으로 불릴 만한 커다란 스케일을 지녔구나 하고 생각했다. 물론 어느 나라에도 여러 종류의 사람이 있지만 그 민족의 자질은 나타나는 것이라고 한다면 우리는 어떻게 보일 것인가 생각해 보았다.

이번 여행에 앞서 중동의 이란에 갔을 때 통화의 환율이 20배로 같은 100엔의 책이 2,000엔이 되거나 더 심한 나라도 적지 않은 것 같았다. 중국에서 1949년(소화 24년)에 달러가 1년 사이에 100만 배가 되었다. 7년 전부터라면 1조 배가 된 것이다. 그런 시대가 오면 어떻게 살고 어떻게 일해야 할 것인가 지금부터 미리 배워둘 필요가 있을는지 모른다. 상해에는 이 같은 마술의 도시 같은 이미지가 엄연히 살아 있다.

차타니 마사히로 茶谷正洋

끝맺으면서

역시 대륙에서 홍콩으로 빠지면 안도하게 된다.

어느 한여름 밤이었다. 문화재로 지정되어 있는 페닌슐라 호텔을 예약해 두었다. 공항에는 호텔에서 손님을 맞기 위해 나온 롤스로이스가 대기하고 있었다. 이것은 유료였는데 버스와 택시를 비교해 보면 3명 이상 탈 경우에는 택시를 타는 것이 더 비용이 저렴하다.

이튿날 아침 식사를 위해 내려가 보니 나이 값도 못하고 대륙을 반바지에 고무신으로 통과한 난민풍의 한 사람이 퇴거를 명령받아 종업원들이 이 사람들 찾기 위해 모두 행동을 단합해서 이른 새벽 호텔을 뒤지는 소동이 벌어지고 있었다. 의지는 높은 것 같은데 행동이 뒤따르지 않았다.

홍콩의 즐거움 가운데서도 가장 좋은 것은 애버딘의 수상 레스토랑 진보 珍寶와 이어문鯉魚門의 시장에서 살아있는 바닷가재를 사서 생선 레스토랑으로 가지고 가서 회로 먹는 것이 최고다. 정크*에 의한 여행, 마카오의 도박 등에서 살아있는 기쁨을 맛보자.

100년이 지난 1997년에 홍콩이 영국에서 중국으로 반환되면 어떻게 될까 마음에 걸린다. 그리고 타이페이에서 타이완의 민가순례와 한반도의 서울로 빠져 일본과의 뿌리관계도 생각해보고 싶다.

중국의 종족명, 건물명 등에 있어 중국 발음에 가까운 토를 달아보았지만 어려운 사성四聲의 악센트와 방언 때문에 통할 리는 없다.

또다시 가고 싶다. 한 번 더 보고 싶은 곳의 메모는 일본의 내용보다 몇 배 나 된다. 다시 만날 때까지……

차타니 마사히로 茶谷正洋

---

* 정크. 중국의 소형 범선

참고문헌

1) 『中國地圖册』, 地圖出版社.

2) 王越主編:『中國市縣手册』, 浙江敎育出版社.

3) 萬國鼎編:『中國歷史紀年表』, 中華書局.

4) B.Rudofsky: *Architecture without Architects*, Doubleday & Company, Inc., Garden City, New York.

5) WULF DIETHER GRAF ZU CASTELL: *CHINA FLUG*, ATLANTIS-VERLAG / BERLIN / ZÜRICH.

6) 雲南省設計院:『雲南民居』, 中國建築工業出版社.

7) 侯繼堯·任致遠·周培南·李傳澤:『窯洞民居』中中國建築工業出版社.

8) 高鉁明·王乃香·陳瑜:『福州民居』, 中國建築工業出版社.

9) 中國科學院自然科學史硏究所主編:『中國古代建築技術史』, 科學出版社.

10) 中國建築史編寫組:『中國建築史』, 中國建築工業出版社.

11) 同濟大學城市規劃敎硏室:『中國城市建築史』, 中國建築工業出版社.

12) 陳從周·章明主編:『上海近代建築史稿』, 三聯書店上海分店.

13) 茅以升主編:『中國古橋技術史』, 北京出版社.

14) 趙振華:『洛陽盜墓史略』,「中原文物」特刊 1987年 棇七期 洛陽古墓博物館.

15) *OVER CHINA-A celestial view of the Middle Kingdom Georg Gerster*, Dau Budnik, The Knapp Press Los Angels.

16) 貴州省文管會辦公室貴州省文化出版廳文物處編:『貴州文物古跡傳說選』, 貴州人民出版社.

17) 徐冶·王淸華·段鼎周:『南方陸上絲綢路』, 雲南民族出版社.

18) 窯洞考察団:『生きている地下住居』, 彰國社.

19) 中國建築工業出版社編, 尾島俊雄監譯 :『中國建築·各所案內』, 彰國社.

20) 戴國煇·小島晉治·阪谷芳直編譯 :『圖說世界文化地理大百科』「中國」, 朝倉書店.

21) 窰洞考察団 :『中國黃河流域の窰洞式民家考察』, 住宅建築研究所.

22) NHK取材班編 :『大黃河 1. 悠久の旅』, 日本放送出版協會.

23) 中國建築史編集委員會編, 田中淡譯·編 :『中國建築の歷史』, 平凡社.

24) 竹島卓一 :『中國の建築』, 中央公論美術出版.

25) 村松伸, 西澤泰彦編 :『東アジアの近代建築』, 村松卓次郎先生退官記念會刊.

26) 劉敦楨著. 田中淡·沢谷昭治譯 :『中國の住宅』, 鹿島出版會.

27) 中國·水利部黃河水利委員會「黃河方里行」編集グループ著, 鄭然權·傅永康訳 :『黃河方里行』, 恒文社.

28) 范長江著, 松技茂夫譯 :『中國の西北角』, 筑摩叢書279.

29) 周達生 :『中國民族誌』, 日本放送出版協會.

30) 佐々木高明 :『照葉樹林文化の道』, 日本放送出版協會.

31) 『新疆の旅』, 中國人民美術出版社+美乃美.

32) 古島琴子 :『中國西南の少數民族』, サイマル出版社.

33) 吳藹宸者·楊井克巳譯·陳舜臣編集·解說 :『新疆紀遊』, 白水社.

34) 鈴木正崇·金丸良子著 :『西南中國の少數民族』, 古今書院.

35) A·ラポポート著, 山本正三·佐々木史郎·大嶽幸彦譯 :『住まいと文化』, 大明堂.

36) NHK取材班 :『雲南·少數民族の天地』, 日本放送出版協會.

37) 藤原惠洋 :『上海-疾走する近代都市』, 講談社現代新書.

지은이 **차타니 마사히로** 茶谷正洋
   1934년 히로시마현 출생
   1956년 도쿄공업대학 졸업, 大成建設 입사
   1961~69년 건설성 건축연구소
   현재 도쿄공업대학 교수, 공학박사

   나카자와 토시아키 中澤敏彰
   1943년 도쿄도 출생
   1966년 도쿄공업대학 부속고 졸업
   건설성 건축연구소, 東急建設 설계부를 거쳐
   1971년 도쿄공업대학 기관技官
   1992년 4월부터 (주)無·設計工房

   야시로 카츄히코 八代克彦
   1957년 군마현 출생
   1981년 도쿄공업대학 졸업, 1990년 동 대학원 박사과정 입학
   1986-88년 중국 西安冶金建築學院 유학
   도쿄공업대학 기관技官

옮긴이 **박희용**
   서울시립대학교 건축공학과 박사 수료
   일본 요코하마국립대학 건축공학과 유학
   현재 서울시립대학교 서울학연구소 연구원

   김종기
   서울시립대학교 건축공학과 박사 수료
   현재 한림성심대학 건축과 부교수

세계건축산책 10
중국 건축 기행 _ 야오둥 동굴식 주거를 찾아서

지은이 ｜ 차타니 마사히로 외 2명
옮긴이 ｜ 박희용 · 김종기
펴낸이 ｜ 최미화
펴낸곳 ｜ 도서출판 르네상스

초판 1쇄 인쇄 ｜ 2006년 7월 25일
초판 1쇄 펴냄 ｜ 2006년 7월 30일

주소 ｜ 110-801 서울시 종로구 계동 140-50 3층
전화 ｜ 02-742-5945
팩스 ｜ 02-742-5948
메일 ｜ re411@hanmail.net
등록 ｜ 2002년 4월 11일, 제13-760

ISBN 89-90828-40-6 04610
         89-90828-17-1 (세트)

* 잘못된 책은 바꿔 드립니다.